I0463444

Anselme Payen

Les Industries chimiques au XIXe siècle

Techniques

Le code de la propriété intellectuelle du 1er juillet 1992 interdit en effet expressément la photocopie à usage collectif sans autorisation des ayants droit. Or, cette pratique s'est généralisée dans les établissements d'enseignement supérieur, provoquant une baisse brutale des achats de livres et de revues, au point que la possibilité même pour les auteurs de créer des œuvres nouvelles et de les faire éditer correctement est aujourd'hui menacée. En application de la loi du 11 mars 1957, il est interdit de reproduire intégralement ou partiellement le présent ouvrage, sur quelque support que ce soir, sans autorisation de l'Éditeur ou du Centre Français d'Exploitation du Droit de Copie , 20, rue Grands Augustins, 75006 Paris.

ISBN : 978-1543217049

10 9 8 7 6 5 4 3 2 1

Anselme Payen

Les Industries chimiques au XIXe siècle

Techniques

Table de Matières

Le gaz d'éclairage.

Il est peu de grandes cités autour desquelles ne s'élèvent aujourd'hui de vastes ateliers consacrés spécialement à la fabrication du gaz d'éclairage. Nul n'a pu contempler avec indifférence ces usines où s'accomplit, avec tant d'ordre et de régularité, toute une série d'opérations délicates au moyen d'appareils aussi variés qu'ingénieux. Et pourtant sait-on bien quels humbles et difficiles débuts ont précédé l'essor d'une industrie aujourd'hui si active et si puissante ? Née de nos jours et presque condamnée en naissant, la fabrication du gaz d'éclairage occupe en 1864 le sixième rang, et vient immédiatement après nos plus productives industries : l'*exploitation de la houille*, la *métallurgie du fer*, la *construction des machines*, la *filature et le tissage*, les *sucreries indigènes et coloniales*. Et ce n'est point seulement en France que cette fabrication a pris un développement si considérable ; c'est, à peu d'exceptions près, dans tous les pays de l'Europe, où elle a transformé de la façon la plus heureuse l'aspect nocturne des villes et merveilleusement accru les conditions de bon ordre et de sécurité. Une telle industrie, d'origine française, mérite assurément qu'on s'occupe à la fois de ses progrès et des applications si diversement intéressantes dont elle est devenue en quelques années le point de départ.

I

Tant qu'ils ne sont pas entièrement décomposés et réduits aux seuls éléments minéraux, tous les corps organisés d'origine végétale ou animale, les débris même de ces corps, donnent lieu par la calcination au dégagement de gaz et de vapeurs complexes. Les principes constitutifs, — carbone, hydrogène, oxygène et azote, — en formant alors des combinaisons nouvelles, — acides, alcalines ou neutres, — produisent toujours certains composés gazéiformes de carbone et d'hydrogène, certains gaz carbures qu'on peut regarder comme des sources de lumière artificielle. On les obtient en chauffant jusqu'au rouge, en vases clos, non-seulement les corps organisés, végétaux ou animaux, mais encore les anciens débris de ces corps enfouis au sein de la terre, les tourbes, les lignites, les schistes bitumineux, les différentes houilles dites *grasses,*

Anselme Payen

flambantes et *sèches*. Il faut néanmoins faire une exception pour l'anthracite, la plus ancienne des houilles, qui, presque uniquement composé de carbone, ne peut par la calcination dégager en quantité sensible ces gaz carbures[1].

C'est en concentrant sa pensée sur l'observation de ces faits déjà introduits dans le domaine de la science qu'un ingénieur des ponts et chaussées, Philippe Lebon, créa vers la fin du dernier siècle la fabrication économique du gaz d'éclairage, obtenu par la décomposition des bois et des houilles. Cette belle invention produisit une vive impression sur le public, lorsque de 1785 à 1800 on la vit réalisée par l'apparition du *thermolampe*. Cet appareil d'une assez grande simplicité de construction, sorte de poêle muni de quelques accessoires, développait en effet à la fois, comme l'indique le nom même, la chaleur et la lumière. Un troisième résultat que ne révélait point la dénomination de *thermolampe*, *c'était de produire en même temps soit du charbon de bois, soit de la houille épurée, fournissant un chauffage sans fumée à l'économie domestique. Complète en principe, l'invention fut pratiquée dans des expériences publiques sur plusieurs points de Paris. Lebon avait entrevu tout l'avenir de cette nouvelle industrie et se préparait à l'exploiter en grand. Il avait indiqué la production de l'acide pyroligneux par la distillation du bois, les moyens de purifier le gaz du bois et de la houille, et annoncé la possibilité de le transmettre dans des tubes souterrains jusqu'à de grandes distances, afin d'en disposer pour le chauffage ou pour l'éclairage public et privé. Si l'inventeur a échoué, c'est surtout parce qu'il s'est trop attaché à présenter son appareil comme applicable à la production, dans chaque maison, du gaz éclairant, de la chaleur et du charbon épuré. On a vu depuis lors la même idée fausse se reproduire fréquemment sans plus de succès[2].*

Sauf quelques essais de peu d'importance, les choses en étaient restées là, et l'on eût pu croire la question abandonnée, lorsqu'en 1792 une première tentative heureuse fut faite à Londres par Murdoch. Ce ne fut néanmoins que dix ans plus tard, c'est-à-dire vingt-six ans après l'invention primitive, que Murdoch fonda une grande Usine pour l'éclairage au gaz des vastes ateliers de construction des machines à vapeur de Watt et Bolton, à Soho, non loin de Birmingham. Les succès, jusque-là contestés, de l'éclairage au gaz en Angleterre fixèrent dès lors l'attention du public français,

Le gaz d'éclairage.

et le préfet de la Seine s'en occupa un des premiers. Ancien élève de l'École polytechnique, le comte Chabrol de Volvic aimait à s'entourer de savants : Fourier, Poinsot, Cagniard de Latour, Darcet, étaient ses amis. Cette question de l'éclairage au gaz lui semblait avec raison d'une importance majeure pour les intérêts de la ville de Paris ; il la fit donc étudier à fond. Un appareil destiné à l'éclairage de l'hôpital Saint-Louis fut construit par ses ordres en 1812, et il servit aux nombreuses expériences qui, sous la direction d'une commission spéciale, devaient résoudre les principaux problèmes relatifs à la production, à l'épuration, à la distribution du gaz dans Paris, et surtout à l'économie du nouveau système comparativement à l'ancien mode d'éclairage par les lampes à huile[2].

Cependant vers 1813 Windsor forma une grande compagnie pour l'éclairage par le gaz de la ville de Londres, et bientôt la fabrication prit en Angleterre, si l'on peut s'exprimer ainsi, son aplomb manufacturier. Les choses avaient marché moins vite chez nous, et cette industrie n'offrait que des avantages douteux, lorsqu'en 1820 le gouvernement fit établir, sous la direction de Pauwels, une usine destinée à l'éclairage du palais du Luxembourg, dans une ancienne église dépendante autrefois du séminaire Saint-Louis et située près de la rue d'Enfer, derrière la fontaine de Médicis. Cette usine introduisit l'emploi du gaz dans le théâtre de l'Odéon. Ce fut le premier exemple de ce mode d'éclairage dans un théâtre. L'usine dite du Luxembourg, après avoir fonctionné régulièrement pendant douze ans, fut supprimée en 1833. Peu de temps après, le même ingénieur manufacturier Pauwels, gérant de la Compagnie française, fondait deux grandes usines, l'une à Vaugirard, l'autre faubourg Poissonnière, à Paris ; MM. Manby et Wilson, directeurs de la Compagnie anglaise, en élevaient une à la barrière de Courcelles. Cinq autres établissements importants furent ensuite formés par autant d'associations sous les noms suivants : Compagnie parisienne, Compagnie royale, Compagnie Lacarrière, Compagnie de l'Ouest, Compagnie Payn. Depuis 1850, toutes ces vastes usines ont été réunies en une seule et puissante administration générale, la Compagnie parisienne. Disposant d'immenses moyens d'action, affranchie d'ailleurs des entraves que rencontraient les établissements rivaux dans la distribution

Anselme Payen

du gaz sur des périmètres distincts, la Compagnie parisienne a donné à la production un développement rapide en harmonie avec les remarquables progrès du nouveau système d'éclairage dans les divers pays de l'Europe. Bien peu d'industries ont déterminé un pareil mouvement d'inventions[4], et, si l'on passe de l'histoire de nos usines aux travaux qui s'y accomplissent chaque jour, on verra que bien peu d'industries aussi appelaient sous des formes plus diverses et plus délicates le concours de la science. Un court exposé des lois théoriques qui président aux conditions du développement économique de la lumière artificielle est un préambule indispensable à une étude sur la fabrication du gaz. On doit remarquer tout d'abord qu'au point de vue théorique de la production de la lumière, il n'y a qu'une différence bien légère entre les substances solides (cire, suif, spermacéti, paraffine) et les huiles. En effet, si ces dernières substances sont toujours à l'état fluide dans les lampes, les premières, avant la combustion, se liquéfient à la partie supérieure des bougies ou chandelles allumées. Dans les deux cas, la substance arrive liquide au contact de la mèche. Or, à cet instant, la matière liquéfiée s'infiltre par capillarité entre les fibres textiles, absolument comme la matière oléiforme ; elle s'approche également de la flammé, et dès lors, sous l'influence de la forte chaleur qu'elle éprouve, se transforme en gaz et vapeurs qui, en brûlant, développent la flamme lumineuse.

La démonstration expérimentale de ces phénomènes est à la portée de chacun. En effet, si l'on approche une allumette enflammée de la traînée blanchâtre de vapeur globulaire exhalée d'une bougie qu'on vient d'éteindre à l'instant, cette traînée entre aussitôt en combustion à une distance assez grande de la mèche, et rallume la bougie. On voit donc que, dans tous les modes usuels d'éclairage, la flamme est engendrée soit par les gaz et vapeurs formés dans les appareils des usines, soit par de semblables produits gazéiformes que dégage la haute température aux approches des parties de la mèche où s'opère la combustion. En dernière analyse, ces flammes sont toujours le résultat de la combustion des produits gazéiformes ; mais comment la flamme devient-elle plus ou moins éclairante dans l'acte de la combustion ? A cette question, la réponse est facile, si l'on prend pour base la théorie émise par Humphry Davy, en y ajoutant quelques données plus récemment acquises à la science.

Ainsi complétée, cette théorie rend même compte des variations considérables observées entre les quantités de lumière obtenue de la même substance, suivant les circonstances où la combustion a lieu.

Lorsque par exemple ces gaz et vapeurs sont allumés au sortir d'un bec, les parties extérieures de la flamme qu'ils produisent, brûlant au contact de l'air, forment avec l'oxygène atmosphérique des composés gazeux, — la vapeur d'eau et le gaz acide carbonique, — tous deux invisibles, par conséquent dépourvus de pouvoir éclairant ; mais dans l'intérieur de la flamme, où l'air n'a pas accès, les choses se passent tout autrement. L'effet seul de la chaleur suffit pour séparer de l'hydrogène, resté à l'état gazéiforme, le carbone ou charbon à l'état solide, en très fines particules, comme une sorte de poussière. Chacune de ces particules solides, immédiatement portée à une haute température, émet des rayons lumineux à la manière de tous les corps solides fortement chauffés. Il en est ainsi des divers objets en poterie ou porcelaine dure dans les fours au moment de la cuisson *au grand feu*, et dont les yeux ne sauraient supporter l'éclatante lumière, si l'on n'en affaiblissait l'intensité par l'interposition d'une lame de verre teinte en bleu. Telle se montre encore une barre de fer chauffée au *blanc soudant*, et dont la très vive lumière blesse les regards au moment où on la retire du feu de la forge ; telles sont enfin les parcelles enflammées étincelantes qui s'échappent de l'acier en combustion dans le gaz oxygène.

Quelle que soit donc la substance, solide, liquide ou gazeuse, communément employée pour l'éclairage, la cause de la lumière ainsi produite est la même, et chacune de ces substances se trouve toujours aussi à l'état de gaz au moment où, par la combustion, elle engendre une flamme. Enfin la lumière artificielle est toujours due à la présence des particules charbonneuses précipitées dans l'intérieur de la flamme. La quantité de lumière émise est donc proportionnée à la quantité de ces particules de charbon qui rayonnent simultanément comme autant d'astéroïdes microscopiques suspendus dans le courant ascensionnel de la flamme éclairante.

Des expériences curieuses, faciles à répéter, offrent une élégante démonstration de cette théorie fondamentale. Que l'on insuffle par exemple dans la flamme d'une bougie un mince courant d'air avec le bec du chalumeau en usage dans les laboratoires, au moment même la flamme perd tout son éclat, parce que le carbone, brûlé simultanément avec l'hydrogène, disparaît sans laisser en suspension ses particules solides éclairantes. Cependant alors la température s'est élevée davantage, car si l'on présente au dard horizontal de la flamme, devenue pâle et bleuâtre, un corps solide réfractaire, il s'échauffera promptement au rouge vif, et deviendra lumineux à son tour. C'est ainsi que l'on a pu produire une éclatante lumière à l'aide d'un courant de gaz *oxy-hydrogène* enflammé projeté sur un globule de chaux. On a même fondé sur cette méthode un éclairage spécial, sans autre matière combustible que le gaz hydrogène obtenu de la décomposition de l'eau par le fer ou le charbon chauffé au rouge. Au-dessus d'un bec alimenté par ce gaz, et dans la flamme isolément dépourvue de pouvoir éclairant, on fixait par un support un léger réseau cylindrique en fil de platine ; presque aussitôt ce petit manchon métallique, s'échauffant au rouge clair, développait une lumière brillante, douce et tranquille, mais moins économique en somme que celle du gaz de la houille[5].

Si l'on élevait au-delà des limites ordinaires la température, en activant la combustion par le tirage que peut produire une haute cheminée en verre posée sur un bec de gaz, la flamme aussitôt deviendrait plus blanche et jetterait un plus vif éclat. La lumière de la flamme peut ainsi être doublée à volume égal ; mais comme le volume réel de cette flamme, par la combustion rapide, se trouve amoindri des quatre cinquièmes, il en résulte une perte nette des deux cinquièmes environ de l'intensité lumineuse totale ou de la quantité primitive de lumière. Par une série d'expériences dont les détails ne sauraient trouver place ici, je suis arrivé à cette conclusion, que le maximum de lumière économiquement réalisable correspond à une combustion tellement bien ménagée à l'aide d'un accès d'air convenable et d'une vitesse modérée, qu'une quantité déterminée de gaz donne le plus grand volume possible de flamme, sans toutefois laisser échapper ni gaz, ni carbone non brûlé. Péclet, le savant et regrettable professeur de physique industrielle à l'École centrale des arts et manufactures, ayant constaté des faits semblables pour l'éclairage avec l'huile brûlée dans des lampes, on a dû considérer comme très générale cette théorie qui peut être encore formulée en ces termes : la quantité de lumière produite par une flamme est proportionnée à la quantité et à la température des particules charbonneuses en suspension dans cette flamme.

Tels sont, pour la production des gaz d'éclairage, les principes indiqués par la science : il faut rechercher encore si, en se conformant à ces principes, on arrive à une production économique. Dans l'état actuel de l'industrie, le moins dispendieux de tous les moyens connus de fabriquer la lumière, c'est en général la distillation de la houille, car on obtient ainsi, outre le gaz, plusieurs produits accessoires longtemps négligés ou au-dessus des besoins de la consommation, mais qui tous aujourd'hui ont un emploi utile, grâce à d'ingénieuses innovations. Il est toutefois des pays où la houille est loin de présenter les mêmes avantages, les contrées par exemple de l'Allemagne et de la Russie où, dans l'état actuel des moyens de transport, les bois résineux fournissent à plus bas prix le charbon, le gaz et le goudron. Il en serait de même sans doute de la Pensylvanie et du Canada, où les sources abondantes d'huile de *petroleum*[6] offrent une matière éclairante d'un usage très économique, soit employée directement dans des lampes spéciales, soit transformée en gaz.

Les espèces de houille propres au développement des gaz éclairants sont assez variées. Dans les usines, on accorde la préférence, comme présentant le plus d'avantages, aux houilles grasses *à longue flamme*, par exemple à celles qui sont connues sous les noms de houilles de Mons et de Commentry et au *cannel-coal* du Lancashire. Quant aux houilles grasses dites *maréchales*, plus fusibles, qui s'agglomèrent dans la combustion et forment voûte sous le vent du soufflet, elles sont surtout employées par les forgerons.. On en trouve le type en France à Rive-de-Gier et en Angleterre à Newcastle.

Il ne reste plus aujourd'hui le moindre doute sur les conditions à remplir pour extraire des houilles et du *cannel-coal* le plus grand volume d'un gaz doué du plus fort pouvoir lumineux, ou, en d'autres termes, d'obtenir d'une quantité donnée de houille le maximum de lumière. Il faudrait que dans le vase distillatoire (cornue cylindrique en fonte moulée ou construite en terre à creuset) toutes les parties de la masse de houille fussent simultanément chauffées au rouge cerise clair, correspondant à la température de

1,000 degrés. À cette température, la décomposition, qui s'opère en vase clos, produit le plus grand volume de gaz riches en hydrogène bicarboné et en carbures très volatils ; mais en chauffant, — comme on l'a fait jusqu'à ces derniers temps, — les cornues à ce degré, convenable pour les parties de la houille qui touchent les parois du vase distillatoire, on laissait les portions plus centrales, graduellement atteintes par la chaleur, trop longtemps soumises aux températures inférieures qui font passer à la distillation beaucoup plus de vapeurs huileuses et goudronneuses que de gaz riche en carbone. D'un autre côté, on avait à craindre, si l'on portait plus haut la température, de décomposer les vapeurs et gaz éclairants en les forçant ainsi à déposer leur carbone dans la cornue : on savait effectivement par expérience que lorsque le gaz ordinaire d'éclairage passe lentement dans un tube assez long, chauffé au rouge vif, la plus grande partie du carbone, véritable source de la lumière, se dépose sur les parois de ce tube, et il n'arrive à l'autre extrémité que de l'hydrogène privé de carbone, dépourvu par conséquent de pouvoir lumineux. Toutefois, mettant à profit la propriété bien reconnue qui offrent les cornues en argile, généralement en usage aujourd'hui, de résister mieux à la chaleur que les cylindres en fonte, exclusivement employés naguère, on a essayé dernièrement d'opérer à une température plus élevée (1, 200° environ). La distillation dès lors est devenue plus rapide, et cette rapidité même s'est trouvée suffisante pour éviter un trop long contact avec les parois rougies, en conservant ainsi au gaz presque tout son carbone et son pouvoir éclairant. D'ailleurs une brusque distillation régularise la température, grâce aux courants gazéiformes qui traversent la masse demi-fondue ; elle produit, en somme, un gaz de meilleure qualité et présente en outre cet avantage, que, la durée totale de chaque opération se trouvant amoindrie, on peut pratiquer une ou deux opérations de plus en vingt-quatre heures dans toutes les cornues de chaque fourneau.

A ce moment même de la fabrication, plusieurs problèmes intéressants restent encore à résoudre. On est, il est vrai, parvenu à rendre l'extraction du coke incandescent, résidu de chaque opération, plus prompte et moins pénible en le faisant tomber directement, au sortir des cornues, dans un sous-sol largement ventilé, où l'on achève de l'éteindre par aspersion au moyen d'un tube flexible terminé par une pomme d'arrosoir. C'est là une amélioration heureuse dans l'intérêt de la santé des ouvriers[7] ; mais il y a encore des inconvénients à faire disparaître. Après le déchargement des cornues, la haute température qu'elles ont acquise, et qui est utile tout à la fois au succès de l'opération suivante et à l'incinération de la couche interne de charbon, très adhérente aux parois, n'en a pas moins de sérieux inconvénients lorsqu'il faut procéder à un nouveau chargement. En effet, la longueur des grandes cornues à section elliptique dépasse 4 mètres, et chacune d'elles doit recevoir à la fois par les deux extrémités une charge de 200 kilogrammes de houille. Or, malgré la force et l'adresse des ouvriers, il s'écoule quelques minutes avant que le chargement soit complet et que les obturateurs en tôle fermant les deux ouvertures aient pu être solidement fixés. Pendant cette difficile manœuvre, la décomposition de la houille commence, et il se dégage en pure perte un volume considérable de vapeurs fuligineuses et insalubres. En outre la surabondance du dégagement gazeux, continuant après la fermeture des cornues, entraîne beaucoup de goudron et de poussières charbonneuses. Ainsi se produisent dans les premiers tubes de dégagement des obstructions qui déterminent des fuites par tous les joints. On entrevoit bien les moyens d'améliorer cet état de choses, mais il reste à faire sur ce point de sérieuses et importantes études.

Les doubles cornues dont nous venons de décrire le service sont établies au nombre de sept sous une des voûtes de chaque four : chauffées par un seul foyer, elles produisent en quatre heures environ 350 mètres cubes de gaz, ce qui correspond à une production moyenne de 2,100 mètres cubes en 24 heures. Chaque massif de maçonnerie, renfermant 10 fours semblables, peut donc produire journellement 21,000 mètres cubes de gaz, alimentant (pour une consommation journalière de 625 litres par bec durant 5 heures) 33,600 becs, donnant chacun une quantité de lumière égale à celle d'une lampe carcel qui brûlerait 42 grammes d'huile par heure ou 210 grammes en 5 heures[8].

Un remarquable perfectionnement appliqué, il y a un an à peine, avec succès semble devoir se généraliser et procurer à la Campagnie parisienne une économie d'un tiers du combustible. Le point de départ de cette heureuse innovation est une pensée émise à peu

Anselme Payen

près simultanément par Ebelmen, enlevé récemment à la science, et par M. Laurens, ingénieur de l'École centrale. M. Siemens a su depuis réaliser cette pensée à l'aide de dispositions spéciales pour le chauffage des fours de verrerie et des usinés à gaz : on fait brûler la houille ou le coke avec une quantité d'oxygène inférieure de moitié à celle qu'exigerait la combustion complète. On engage ainsi le charbon dans une combinaison gazeuse, *oxyde de carbone*, combustible elle-même, et donnant à volonté par un nouvel accès d'air atmosphérique une flamme bleue capable de transmettre quatre fois autant de chaleur que la première quantité produite par la formation de l'oxyde de carbone[2]. Cette flamme volumineuse, dirigée sous chacune des voûtes, supprime le foyer, qu'on remplace par une huitième cornue ; elle donne un chauffage régulier en enveloppant les huit vases distillatoires. Dès lors les ateliers ne sont plus embarrassés par les amas de combustible ni par le service des foyers anciens, car la production du gaz oxyde de carbone destiné au chauffage a lieu dans des fours spéciaux que l'on établit à une distance variable à volonté de l'atelier de distillation. Cette méthode nouvelle permet le facile emploi des houilles ou cokes de qualité inférieure contenant de fortes proportions de matières terreuses. La disposition des appareils, qu'il nous reste à décrire, n'est d'ailleurs pas changée ; les perfectionnements nouveaux sont indépendants de ce mode particulier de chauffage économique.

Gomme autrefois, à chaque extrémité des cornues, un tuyau de fonte vertical, ascendant, puis recourbé en siphon, conduit le gaz vers un *barillet* commun. C'est un gros tube horizontal, en tôle ou en fonte, d'environ i mètre de diamètre, d'abord à moitié rempli d'eau, qui, bientôt évaporée, se trouve remplacée par le goudron le moins volatil, entraîné par le courant gazeux et condensé au pas-age. La plus importante fonction du barillet, outre le premier refroidissement du gaz, consiste à prévenir, par la couche liquide qu'il force le gaz à traverser, toute communication des cornues entre elles, et à isoler ainsi les fuites de gaz et les explosions partielles que la fracture accidentelle d'une cornue pourrait occasionner. Sortant du barillet, le gaz, très chaud encore et impur, est dirigé vers des appareils réfrigérons et épurateurs. Ce sont d'abord des séries de tubes dressés à l'air libre et refroidis à volonté par un courant d'eau, entre lesquels on distribue le gaz, animé d'une vitesse de 2 à 3 mètres par seconde, qu'une pompe aspirante lui imprime[10]. Dans cette première circulation, le gaz rencontre une surface refroidissante égale à 10 mètres carrés pour 1,000 mètres cubes. La même pompe refoule successivement le gaz dans de vastes colonnes creuses, hautes de 12 à 15 mètres, remplies de coke en fragments peu volumineux, où le gaz, par l'effet du refroidissement et des lavages, laisse déposer la plus grande partie du goudron et des sels ammoniacaux[11]. Après cette première épuration toute physique, le gaz contient encore des composés ammoniacaux, des hydrocarbures très volatils, du gaz oxyde de carbone et de l'hydrogène sulfuré (acide sulfhydrique, formé de soufre et d'hydrogène et répandant une odeur infecte). Il est alors dirigé par la pression acquise dans deux séries de larges caisses en tôle, munies de trois étages de filtres chargés d'une couche épaisse de sesquioxyde de fer hydraté, au travers desquels il passe successivement.

Durant cette filtration multiple, le gaz sulfhydrique est décomposé : le soufre se dépose à mesure que l'hydrogène s'unit avec une partie de l'oxygène du peroxyde métallique, laissant engagés dans les interstices, outre le soufre éliminé et l'eau produite, inodores tous les deux, des *essences sulfurées* à odeur nauséabonde, enfin quelques composés qui se prêtent à diverses applications. Le gaz, après cette épuration et à la sortie de la deuxième série des filtres à l'oxyde de fer[12], se trouve débarrassé du principal composé infect. On s'en assure en dirigeant pendant quelques minutes un mince filet de ce gaz sur un papier blanc imprégné d'acétate de plomb. Si le gaz est suffisamment pur, le papier reste blanc ; lorsque au contraire l'épuration est imparfaite, le papier devient brun, car le soufre de l'hydrogène sulfuré, s'unissant au plomb de l'acétate, forme un sulfure de plomb noir, opaque[13]. Dans ce cas, on doit diriger le gaz vers un dernier filtre épurateur contenant de l'oxyde neuf ou revivifié. Après toutes ces épurations, le gaz, retenant encore des hydrocarbures à odeur forte, est envoyé aux gazomètres, qui continuellement l'emmagasinent pour le répartir jour et nuit dans les tubes de distribution et les becs des ateliers, laboratoires, théâtres, voies publiques et habitations, où il sert, soit au chauffage soit à l'éclairage. Avant d'indiquer divers perfectionnements dans la construction des gazomètres, des appareils régulateurs, des compteurs de gaz et des becs usuels, il est une particularité de l'épuration économique du gaz sur laquelle on nous permettra d'entrer dans quelques détails, car elle a un haut intérêt pour les populations agglomérées dans le voisinage des usines. Avec le développement qu'a pris la production du gaz, il y a là une question de salubrité publique d'une véritable gravité.

On vient de voir comment le gaz s'épure en traversant le peroxyde de fer hydraté, mais on comprend sans peine que celui-ci perd graduellement sa propriété désinfectante à mesure qu'il cède de l'oxygène et se réduit à l'état de protoxyde de fer, composé inerte à l'égard de l'hydrogène sulfuré. On parvient dans les usines à lui rendre sensiblement son énergie première en l'exposant pendant quelques heures à l'air atmosphérique, sur les dalles d'un vaste hangar, en couches peu épaisses et dont on renouvelle de temps à autre les surfaces. Dans ces conditions, l'oxygène de l'air, assez promptement absorbé, transforme le protoxyde de fer humide en peroxyde hydraté, prêt à servir de nouveau à l'épuration du gaz, Cette sorte de revivification naturelle est évidemment fort avantageuse pour l'industrie du gaz, mais elle a de graves inconvénients pour le voisinage : cette matière poreuse, au moment où elle est extraite des caisses d'épuration, se trouve sursaturée d'hydrogène sulfuré et surtout d'huiles empyreumatiques très volatiles, à odeur forte très désagréable ; les courants d'air utiles à la revivification ou pour mieux dire à la réoxydation, emportant la plus grande partie de ces produits infects, volatils ou gazeux, répandent aux alentours, dans la direction des vents, une odeur nauséabonde qui s'ajoute aux émanations des vapeurs pyrogénées sortant des cornues à chaque enfournement successif.

Ces inconvénients, dès longtemps signalés à la sollicitude de l'autorité administrative, ont fait décider en 1855 la translation hors de Paris des quatre usines à gaz existant alors dans son enceinte ; mais à peine étaient-elles reconstruites sur une plus vaste échelle, dans les conditions qui leur étaient assignées, qu'une autre mesure, ajournée jusqu'alors, a reculé les limites de la capitale jusqu'aux fortifications. Dès lors quatre des six usines à gaz, renfermées dans l'enceinte ainsi agrandie de la ville, ont vu surgir autour d'elles une foule de constructions, dont le nombre augmentera nécessairement de jour en jour avec le développement de la population. D'un autre côté, cette situation, s'aggravera encore par l'extension immense de la production. En effet, tandis que dans un intervalle de quatorze années, de 1848 à 1862, la population de Paris, en y comprenant celle du territoire annexé, ne s'était guère accrue que de moitié, la consommation du gaz se trouvait quintuplée[14]. En présence d'une semblable progression, il est temps d'aviser, car on peut prévoir que, dans un avenir peu éloigné il n'y aurait pas un seul arrondissement de Paris absolument à l'abri des émanations de ces usines.

Il n'y a que deux moyens pour résoudre complètement cette question : ou transporter les usines à gaz en dehors de la ligne des fortifications et même de la nouvelle banlieue, ou bien détruire dans le sein de chaque usine la cause principale des émanations infectes.

Un exemple qui nous est fourni par l'Angleterre semble indiquer la voie à suivre pour arriver à une solution favorable. On a vu comment la réoxydation à l'air libre des oxydes de fer était actuellement la principale cause des émanations. C'était là également le sujet des plaintes des habitons domiciliés autour d'une grande usine établie presque au centre de la Cité de Londres. En de pareilles occasions, chez nos voisins, on ne s'adresse guère à l'autorité administrative, qui laisse volontiers les parties s'entendre entre elles, et d'ordinaire celles-ci s'arrangent en effet, au moins devant les tribunaux. C'est qu'aussi les Anglais ont généralement l'habitude, assez commode d'ailleurs, d'évaluer en argent les préjudices de toute nature. Telle fut en effet la première solution du litige entre les voisins de l'usine à gaz de la Cité de Londres et la compagnie d'éclairage ; mais bientôt les indemnités, en se multipliant, menaçaient d'absorber tous les bénéfices. Devenus plus industrieux sous le coup d'une nécessité suprême, les directeurs de l'usine trouvèrent un procédé simple d'affranchir leur entourage des émanations nuisibles tout en se libérant des lourdes indemnités que dans le principe ils avaient dû subir.

Après avoir recueilli ces premiers renseignements en 1850, dans le cours d'une mission en Angleterre, je m'empressai d'aller examiner dans l'usine de la Cité de Londres les dispositions nouvelles qui avaient amené un si heureux résultat. Elles étaient des plus simples. Au lieu de laisser les oxydes ferrugineux exhaler spontanément les gaz et vapeurs à l'air libre, on maintenait ces résidus en vases clos, et l'on faisait succéder à la filtration du gaz, dont l'arrivée était momentanément interrompue, une filtration forcée d'air atmosphérique : celui-ci, en opérant la réoxydation utile, entraînait avec lui les gaz et vapeurs au travers d'un large foyer chargé de coke incandescent. Ces produits infects et combustibles, hydrocarbures et acide sulfhydrique, brûlés à cette haute température par l'excès d'oxygène de l'air qui les avait entraînés, se trouvaient aussitôt transformés en eau, acide carbonique, etc., et aucune odeur sensible ne s'en dégageait. Dès lors le préjudice causé au voisinage disparaissait, et avec lui les lourdes indemnités imposées à la compagnie. Si l'on adoptait chez nous cette méthode, on parviendrait probablement à en rendre l'application plus économique. Il suffirait d'utiliser la chaleur développée dans le foyer désinfectant pour le chauffage des générateurs. On pourrait, après quelques études expérimentales, organiser un système de canalisation amenant à volonté, par des valves faciles à manœuvrer, les courants d'air chargés des produits gazeux et volatils de cette épuration aux divers foyers de l'usine.

II

Le gaz d'éclairage, une fois produit, commence une autre série de travail : il s'agit de le faire circuler dans les villes et de le distribuer.

Une disposition spéciale, généralement appliquée en France et en Angleterre, est l'installation dans un pavillon isolé d'un double compteur de gaz, interposé entre les derniers épurateurs et les gazomètres. En jetant un coup d'œil sur les indications transmises, à l'aide de roues d'engrenage, par l'arbre horizontal du compteur aux aiguilles de plusieurs cadrans, on connaît à chaque instant le volume du gaz envoyé en douze ou vingt-quatre heures au gazomètre. Il suffit de comparer ensuite ce volume avec les quantités de houille soumises à la distillation pour s'assurer du rendement normal ou constater les déperditions et y remédier.

De semblables compteurs (également accompagnés d'indication de pression), interposés entre les gazomètres et les larges conduites qui livrent passage au gaz expédié aux consommateurs, permettent de comparer le volume du gaz emmagasiné dans les gazomètres avec celui qu'indiquent les compteurs de sortie, et de s'assurer ainsi qu'aucune déperdition anormale n'a eu lieu, soit à la surface de la cloche du gazomètre, soit par les joints ou fissures des conduites intermédiaires.

Enfin, entre les compteurs de sortie et les divers points d'arrivée du gaz, les fuites se trouvent signalées dès que le volume expédié aux consommateurs dépasse notablement les quantités nécessaires. C'est alors dans le parcours des conduites principales, des embranchements et des tubes de distribution qu'il faut rechercher les fuites. On les trouve en interceptant par des valves, de proche en proche, la communication, jusqu'à ce que l'on ait rencontré l'intervalle où se manifeste la déperdition.

Quant aux gazomètres eux-mêmes[15], les améliorations principales consistent dans une ingénieuse disposition inventée en France par Pauwels, puis généralement adoptée en Angleterre. Cette modification consiste à maintenir l'immense cloche en tôle par deux longs tubes articulés, l'un introduisant, l'autre évacuant à volonté le gaz, et se prêtant tous deux, comme d'énormes bras flexibles, aux mouvements tantôt ascendants, tantôt descendants, de ces vastes réservoirs mobiles, à mesure qu'ils s'emplissent ou qu'ils se vident. Les gazomètres ainsi disposés ont été d'année en année construits sur de plus grandes dimensions. Ils ont atteint chez nous un diamètre de 37 mètres et une hauteur de 15 mètres environ ; ils contiennent à peu près 15,000 mètres cubes. En Angleterre, ces dimensions se trouvent encore dépassées : j'en ai vu plusieurs ayant 50 mètres de diamètre, 24 mètres de hauteur, chacun d'eux offrant une contenance de 28,000 mètres cubes. En tout cas, les cloches des gazomètres construites d'après ce système ne sont plus équilibrées sur des contre-poids : soulevées naturellement par le gaz, qui pèse, moitié moins que l'air atmosphérique, on les surcharge une fois pour toutes d'un poids tel que le gaz en reçoive la pression, — variable suivant les différences de niveaux entre l'usine et les points d'arrivée, — suffisante en tous cas pour vaincre les résistances de frottement dans les tubes et les quelques centimètres d'eau que le gaz traverse dans les nombreux compteurs indiquant les volumes dépensés par chaque consommateur. Profitant d'ailleurs de l'excès de pression dont on dispose maintenant à volonté dans toutes les usines depuis l'installation des pompes aspirantes et foulantes Mlles par des machines à vapeur, on a partout aussi supprimé les contrepoids naguère adaptés aux cloches des gazomètres, et l'on a fait disparaître du même coup les chances d'irrégularité dont les chaînes de suspension et les poulies de renvoi étaient fréquemment la cause.

Nous ne saurions quitter ce sujet sans dire un mot des graves embarras qu'occasionnent parfois aux entreprises d'éclairage au gaz et aux propriétaires du voisinage les citernes des gazomètres. On construit en général ces immenses réservoirs en maçonnerie épaisse, douée d'une résistance proportionnée aux pressions inégalement contre-balancées qu'elles reçoivent de l'eau intérieure, et à l'extérieur de la poussée des terres. Toutefois il arrive souvent que, sous le fond de la citerne, le sol, trop peu résistant sur quelque point, cède à l'énorme charge, et, pour peu qu'il fléchisse, détermine dans la maçonnerie des fissures par lesquelles l'eau s'infiltre dans les terres environnantes. Dès lors se trouve de plus en plus compromise la solidité de la massive construction, qui bientôt exige des réparations difficiles et coûteuses. Parfois, avant que l'on ait pu reconnaître les fuites et procéder aux réparations, le liquide s'échappe de la citerne, gagne les parties déclives des terrains environnants, et s'introduit dans les puits, dont il rend l'eau impropre aux usages ordinaires. En effet, les produits sulfurés, ammoniacaux, et les parties solubles du goudron que ces liquides contiennent toujours, communiquent à l'eau une odeur désagréable et des propriétés dangereuses pour les hommes, les animaux, les plantes, et nuisibles dans les opérations de teinture ou de blanchiment.

Pour échapper à ces graves inconvénients, MM. Manby et Wilson, en établissant leur première usine près de la barrière de Courcelles, avaient construit, à l'imitation des ingénieurs de Londres, des cuves en fonte destinées à contenir l'eau de leurs gazomètres. Ces cuves, formées de plaques boulonnées et reposant sur des piliers, étaient accessibles de toutes parts ; les fuites, très rares, étaient immédiatement reconnues et facilement réparées ; mais à cette époque, les dimensions des gazomètres, bien moindres qu'aujourd'hui, permettaient l'emploi de la fonte, ce qui maintenant serait trop dispendieux malgré la réduction considérable qu'ont subie les prix.

Des inconvénients du même genre, d'autres même plus graves

encore, accompagnent l'établissement des conduites souterraines où circule le gaz sous les voies publiques, ainsi que l'installation à demeure des tubes de distribution dans les maisons habitées. Il faut les signaler, avant de décrire les procédés ingénieux employés dans ces dernières années pour s'en garantir presque complètement. À l'époque du premier établissement des conduites à gaz dans Paris, les tuyaux en fonte alors en usage, moulés dans des conditions peu favorables, présentaient souvent quelques fissures inaperçues ou des parois amincies par l'interposition de bulles gazeuses au moment de la coulée. Ces regrettables, exposés dans le sol humide des rues à une oxydation extérieure, rongés intérieurement par quelques produits volatils acides condensés dans le parcours du gaz, ne tardaient guère à laisser fuir les gaz et liquides en telle quantité qu'entre le point de départ des usines et l'arrivée aux tubes de distribution chez les habitants et dans les lanternes de l'éclairage public, la déperdition totale s'élevait par degrés à 15 et jusqu'à 25 pour 100. C'était là non-seulement une cause d'amoindrissement considérable des bénéfices pour les compagnies, mais encore une source continuelle d'accidents regrettables. Le gaz échappé des conduites, pénétrant à une assez grande distance, déposait dans les interstices du sol des hydrocarbures volatils, des produits sulfurés et ammoniacaux communiquant aux masses des terres environnantes l'odeur fétide et la teinte brune que tout le monde a pu remarquer chaque fois qu'on ouvre des tranchées dans les rues de Paris. De là encore le dépérissement des arbres exposés à l'action délétère du gaz, qui semblait devoir par degrés atteindre toutes les plantations publiques de la capitale. Plusieurs perfectionnements nouveaux ont été appliqués avec succès pour mettre un terme à ces déperditions et aux fâcheux résultats qu'elles produisent. Les plus larges conduites en fonte ayant un diamètre d'environ 90 centimètres, plus soigneusement moulées, ont été en outre soumises, avant la réception, à un examen attentif et à des épreuves rigoureuses, qui garantissent une complète imperméabilité sur tous les points. Les joints ont été rendus étanches à l'aide de colliers en fer sous lesquels une couche de plomb a été coulée et fortement refoulée. Puis est venue l'invention remarquable de M. Chameroy, qui a permis de substituer aux anciens tuyaux en fonte, et jusqu'aux dimensions de 80 centimètres de diamètre, des tubes en tôle de fer étamée

Anselme Payen

au plomb sur ses deux faces, rendus extérieurement inoxydables par une couche épaisse de mastic bitumineux incrusté de sable. La longueur de ces conduites, deux ou trois fois plus grande que celle des tuyaux de fonte, a diminué de moitié ou des deux tiers le nombre des joints ; ceux-ci sont d'ailleurs hermétiquement clos à l'aide d'une vis moulée en alliage solide, terminant un des bouts de chaque tube et s'adaptant à l'écrou qui termine le tube suivant, ce qui permet de comprimer entre eux une torsade de chanvre ainsi rendue imperméable[16]. Dès ce moment, les déperditions de gaz ont été réduites des neuf dixièmes, et tous les fâcheux effets de ces fuites ont diminué dans les mêmes proportions. Pour les annuler complètement, on a disposé les conduites principales dans les nouveaux égouts à large section et ventilés, évitant ainsi les infiltrations des gaz et vapeurs dans les terrains sous le sol des voies publiques, tout en ménageant un accès facile près de ces conduites, afin de rechercher les fuites et de les réparer aussitôt qu'elles sont reconnues. Une mesure plus récente promet de mieux garantir encore les racines des arbres contre les infiltrations délétères, en faisant passer les petits tubes de distribution dans des manchons en poterie dont on cimente les joints, et qui, débouchant sous les colonnes supportant les lanternes, font écouler à l'air les produits gazeux des fuites accidentelles. Ces moyens d'assainissement de la terre végétale ont été complétés par un drainage spécial, qui égoutte dans des tubes d'argile les eaux pluviales et entretient sous le sol un renouvellement de l'air très favorable à la respiration des radicelles.

Les déperditions de gaz sous le sol occasionnent quelquefois de graves accidents. Pour reconnaître les fuites, on recourt volontiers au moyen le plus commode, désigné sous le nom de *flambage*, on promène une mèche allumée en contact avec le tube qui amène le gaz aux becs d'éclairage. La moindre fissure suffit pour donner lieu au passage d'un filet gazeux qui s'allume et décèle la fuite. L'ouvrier s'empresse d'éteindre avec un tampon les petits jets de flamme et procède à la réparation. Cette manœuvre facile et rapide n'offrirait aucun danger en plein air, si la fuite était peu considérable, ni même dans les habitations, si par l'ouverture des issues l'air avait pu se renouveler en totalité. Comme il en est le plus souvent ainsi, les ouvriers s'abandonnent d'ordinaire à une fausse sécurité.

Le gaz d'éclairage.

Malheureusement les choses se passent quelquefois dans d'autres conditions. C'est tantôt la fuite qui, plus abondante qu'on ne le croyait, ou se développant avec une rapidité inattendue au moment de l'inflammation d'essai, fait fondre la soudure du tube, élargit la fissure, et produit une longue flamme qui allume et propage rapidement l'incendie. D'autres fois la pièce, incomplètement ventilée, contient un mélange détonant ou bien une certaine quantité de gaz (un volume de gaz pour une quantité d'air de sept jusqu'à quatorze volumes). Dans ces conditions, la bougie allumée détermine une inflammation subite dans tout l'espace, et l'énorme volume de vapeur d'eau et de gaz acide carbonique engendrés instantanément à une haute température par la combustion de l'hydrogène carboné fait voler en éclats les vitres et renverse les cloisons. Malgré les avis des conseils d'hygiène publique et les sages prescriptions de l'autorité administrative, on a encore quelquefois à déplorer des explosions de ce genre.

Une autre source de nombreux accidents tenait aux dispositions des tubes de distribution que l'on avait la fâcheuse habitude de faire passer, pour les dissimuler, dans des cavités closes, sous les planchers, à l'intérieur des plafonds ou dans les comptoirs des magasins. Le gaz introduit par quelque fuite dans l'air de ces espaces clos y pouvait former des mélanges détonants que la moindre fissure dans le voisinage d'un bec allumé suffisait à enflammer. Ces chances redoutables n'existent plus depuis que par mesure de sécurité générale on a imposé aux *appareilleurs*[17] l'obligation de poser tous les tubes de distribution apparents, c'est-à-dire à la surface des murs et des plafonds, même dans les plus somptueuses demeures ; cette utile prescription ne nuit en rien à l'élégance des appartements ou des divers établissements publics, car nos architectes-décorateurs ont su y trouver des motifs d'ornementation en répétant les formes saillantes des tubes à l'aide de tringles pleines, peintes ou dorées, symétriquement disposées de la même manière.

En plusieurs occasions, on est parvenu à découvrir l'origine singulière de larges fuites qui ont déterminé des explosions accidentelles à l'intérieur des habitations. Le premier exemple de ce genre a été observé à Paris après une explosion de gaz qui avait renversé toute la devanture vitrée d'une des étroites boutiques installées provisoirement rue Vivienne contre une muraille remplacée aujourd'hui par les constructions neuves et l'une des grilles de la Bibliothèque impériale. En retirant sous les décombres et les débris du parquet le tube en plomb distributeur de gaz, on reconnut, non sans quelque étonnement, qu'une ouverture latérale, large d'un centimètre environ, y était pratiquée. Dès lors l'explication de l'accident était toute simple, car le passage du gaz par ce trou avait dû, un instant avant l'arrivée de l'allumeur, produire le mélange explosif qui avait renversé tout le vitrage, mais la cause de l'ouverture du tube n'était pas aussi facile à trouver. La première pensée fut que ce large trou avait été fait à dessein dans une intention criminelle, et sans doute, disait-on, à l'aide d'une forte râpe en acier comme les plombiers en emploient, car on apercevait distinctement des rayures serrées analogues à celles que produisent ces sortes d'outils. Toutefois, après un examen plus attentif, on reconnut que les rayures sur les deux bords du trou n'étaient ni parallèles entre elles ni dans les mêmes plans, qu'enfin elles n'avaient pu être pratiquées que par la dent d'un petit animal rongeur. C'était un rat qui seul avait produit tout le dommage.

On parviendrait facilement à prévenir de pareils accidents, si l'on substituait chez nous, comme cela souvent a lieu en Angleterre, dans la fabrication des tubes, au plomb, relativement mou, l'étain exempt d'alliage, métal bien moins lourd, mais beaucoup plus dur. On éviterait ainsi une autre cause de fuites accidentelles qui s'est révélée lorsqu'un ouvrier, croyant enfoncer un clou dans la maçonnerie ou dans une tringle en bois, avait percé un de ces tubes en plomb. C'est peut-être là une des raisons du moindre nombre d'explosions observées dans les maisons de Londres, mais ce n'est point la plus importante. La cause principale de ce fait remarquable doit être attribuée aux habitudes, très générales en Angleterre, d'une ventilation constante qui prévient, par un continuel renouvellement de l'air dans tous les locaux habités, l'accumulation du gaz et la formation des mélanges détonants. Toutes les dispositions usuelles des constructions urbaines dans les trois royaumes concourent à ce résultat : ce sont les fenêtres à coulisses, qui jamais ne peuvent être hermétiquement closes, les cheminées d'un grand tirage, opérant un énergique appel de l'air extérieur, les ustensiles tournants à petites ailes de moulins qu'on remarque dans les vitres d'un grand nombre de maisons

Le gaz d'éclairage.

de commerce, de larges persiennes en verre moulé au milieu des glaces extérieures de quelques hôtels publics, enfin les châssis tendus de fines toiles métalliques, tamisant l'air et servant toute la journée de fenêtres à la devanture des tavernes et d'un grand nombre de magasins. Ces dispositions très hygiéniques existaient dans les maisons anglaises avant l'introduction du gaz ; elles avaient été adoptées pour obvier autant que possible aux inconvénients des émanations fuligineuses de la houille et du dégagement de l'acide sulfureux du coke pendant l'allumage et l'entretien des feux de cheminée. On nous permettra d'ajouter à ce propos que les nouvelles méthodes de ventilation récemment mises en pratique dans plusieurs de nos grands établissements publics, et dont on trouve les plus parfaits modèles disposés avec succès par le général Morin dans les amphithéâtres des cours du Conservatoire des arts et métiers, offrent toutes les garanties désirables contre l'accumulation du gaz d'éclairage[18].

Divers procédés et appareils imaginés dans ces derniers temps pour déceler les fuites de gaz ont utilement complété les mesures de sécurité antérieurement prises par l'administration, et que l'on vient de rappeler. Un des moyens les plus simples de constater les déperditions du gaz, à la portée de tous les consommateurs qui disposent d'un compteur mécanique, ressemble à celui que les compagnies elles-mêmes emploient pour trouver les points des conduites où les fuites se déclarent. Dans ce cas, laissant la communication établie entre le gazomètre, le compteur et la conduite à vérifier, on intercepte successivement le passage du gaz dans celle-ci à l'aide de valves spéciales, en s'éloignant par degrés du compteur jusqu'à ce que l'on arrive à l'une de ces valves, qui, quoique hermétiquement fermée, n'empêche pas le gaz de s'écouler dans une certaine mesure que détermine le compteur de l'usine : c'est précisément le volume ainsi écoulé et mesuré qui représente la quantité perdue par la fuite. Or cette déperdition ne peut avoir lieu dans la conduite qu'entre la valve précédente et celle que l'on vient de fermer. Dès lors la recherche devient facile, puisqu'elle est ainsi restreinte à un espace peu étendu. Quant aux fuites qui se manifestent à l'intérieur des habitations, on les peut constater de même, après avoir fermé les petits robinets de tous les becs, en donnant accès au gaz dans les tubes de distribution. S'il n'existe

Anselme Payen

aucune déperdition, le compteur ne sera pas mis en mouvement ; dans le cas contraire, le gaz qui s'introduit dans ces tubes, à mesure que les quantités perdues lui font place, imprime au compteur un mouvement de rotation que les aiguilles traduisent en mesures apparentes, à l'extérieur, sur les cadrans.

Un ingénieux appareil inventé par M. Maccaud sert à découvrir à la fois les fuites et les points du parcours où elles ont lieu sans qu'il soit nécessaire d'avoir recours au compteur : il suffit d'adapter près de l'origine du tube distributeur un petit ajustage qu'on maintient habituellement clos par un obturateur à vis. Lorsqu'on veut faire une vérification, le gros robinet extérieur qui amène le gaz étant d'abord fermé, on substitue à l'obturateur une petite pompe foulante à l'aide de laquelle on comprime de l'air simultanément dans le tube distributeur et dans toutes ses ramifications. Alors le manomètre annexé à la pompe indique une pression constante, s'il ne survient aucune déperdition ; dans le cas contraire, la colonne manométrique baissant dès que le mouvement de la pompe cesse, on continue de faire agir celle-ci pendant qu'un ouvrier appareilleur, suivant avec attention le parcours des tubes, reconnaît sans peine le petit sifflement que fait entendre l'air comprimé en s'échappant par les fissures. L'ouvrier répare celles-ci successivement, et l'on constate enfin que toutes les soudures utiles sont terminées lorsque le manomètre indique que la pression se maintient invariable dans les tubes.

On doit à M. Perrin un appareil plus simple encore et donnant des indications exactes ; il se compose d'une sphère creuse en cuivre que l'on adapte à volonté sur l'ajustage à vis du tube de distribution : on échauffe quelques instants avec une petite lampe cette sphère, l'air qu'elle contient se dilate, et la pression ainsi transmise dans les tubes distributeurs manifeste son action sur le manomètre annexe et se maintient, s'il n'y a pas de fuites. En laissant alors refroidir la sphère, la colonne manométrique s'abaisse au-dessous de la pression extérieure, et confirme ainsi la première indication : ces mouvements alternatifs en effet n'auraient pas lieu, si la moindre issue existait sur quelque point du parcours des tubes.

En général on est tout d'abord averti des fuites de gaz par l'odeur qui se répand dans les locaux habités, quoique tous les robinets correspondants aux becs soient fermés : à ce point de vue, on peut dire que l'odeur désagréable du gaz d'éclairage a bien son utilité ; ce serait à tort néanmoins que l'on craindrait de la voir disparaître par suite d'une épuration plus parfaite éliminant en totalité l'hydrogène sulfuré et les produits ammoniacaux, car il reste toujours dans le gaz des hydrocarbures ou *huiles volatiles* dont l'odeur forte suffit pour dévoiler les fuites. En tout cas, ces vapeurs, composées de carbone, d'hydrogène et de traces de soufre, lorsqu'elles arrivent aux becs allumés, se brûlent complètement, et se trouvent transformées en acide carbonique, acide sulfureux et vapeur d'eau, trois produits gazéiformes exempts de toute odeur infecte. Si même il restait dans le gaz des traces d'hydrogène sulfuré, l'odeur nauséabonde disparaîtrait dans la combustion, et la flamme ne laisserait échapper qu'une trace de vapeur d'eau inodore et de gaz acide sulfureux doué d'une odeur piquante rappelant celle qui s'exhale d'une allumette soufrée au moment de la combustion.

On a exposé plus haut sur quels principes se fonde la production économique de la lumière. Depuis longtemps, j'avais reconnu par des expériences comparatives et signalé les conditions qui permettent d'accroître le volume de la flamme du gaz et sa puissance lumineuse en élargissant les sections de passage et diminuant la vitesse du courant gazeux. Le bec inventé par M. Parisot, qui substitue aux petits trous isolés une ouverture circulaire continue, satisfait à ces conditions, et l'on vient d'adopter, pour l'éclairage public de la ville de Paris, des dispositions fondées sur le même principe. On a augmenté ainsi d'un tiers environ le pouvoir éclairant du gaz à volume égal[19]. Plusieurs inventeurs, et le premier de tous, M. Chaussenot, avaient réalisé de différentes manières un des principes de l'augmentation de l'intensité lumineuse en échauffant l'air atmosphérique avant qu'il eût accès vers la flamme ; mais l'emploi gênant d'une double enveloppe en verre a fait abandonner ce système malgré quelques perfectionnements introduits par l'ancien directeur du conservatoire et du musée de l'industrie à Bruxelles.

En se reportant à ce que nous avons dit de la production de la chaleur par la combustion du gaz, on comprendra que la réalisation économique en soit toute différente de celle qui correspond au développement du maximum de lumière, et qu'en vue de brûler simultanément le carbone et l'hydrogène on doive diviser les jets de

Anselme Payen

flamme et en diminuer le volume, sauf à les multiplier. Si l'on veut produire un jet lumineux, la disposition favorable généralement adoptée en effet consiste à introduire dans l'axe, et suivant la direction de la flamme, un tube amenant un courant d'air suffisant pour faire brûler à la fois les deux éléments du gaz et produire une flamme bleuâtre. On accélère encore cette combustion en insufflant avec force le jet d'air, et l'on produit ainsi les flammes plus ou moins volumineuses des chalumeaux à gaz, appliquées dans l'industrie à souder ou fondre les métaux. Ce fut en substituant à l'air atmosphérique l'oxygène pur dans ces sortes de chalumeaux et en projetant les flammes rapides à l'intérieur d'une cavité creusée dans une masse de chaux vive, que M. Henri Sainte-Claire Deville réussit à mettre en fusion le platine, naguère encore considéré comme étant infusible industriellement, et produisit un lingot de ce métal du poids de 100 kilogr., que l'on admirait l'année dernière à l'exposition universelle de Londres.

III

On a vu comment se produisait le gaz et comment on arrivait à le distribuer en se conformant aux règles fixées par la science. Il reste à parler de cette industrie au point de vue économique, en recherchant quelles circonstances peuvent agir sur son développement.

J'ai donné plus haut le chiffre de la consommation actuelle du gaz dans Paris. Chacun peut s'expliquer les variations qui y sont apportées par les différentes saisons. On compte, toute compensation faite, sur une consommation dont la durée moyenne serait de cinq heures par jour pendant chaque mois de l'année ; mais il se présente des circonstances où la dépense de gaz s'accroît dans les plus vastes proportions, à l'occasion des fêtes publiques et des illuminations générales. Il faut doubler alors la production dans les usines. S'il était nécessaire de recourir à des fours et appareils supplémentaires qui ne serviraient qu'à de si rares intervalles, les frais généraux seraient accrus dans une proportion qui réagirait défavorablement sur le prix de revient du gaz. On en était pourtant là, il y a quelques années. Maintenant cette augmentation exceptionnelle dans la consommation du gaz, lors même, comme cela est arrivé, qu'elle est annoncée à peine quelques heures à l'avance, n'impose plus aux compagnies d'accroissement notable dans les frais généraux. C'est plutôt une source de bénéfices additionnels, car les recettes augmentent alors dans la même mesure que les livraisons de gaz.

A première vue, la solution du problème semble bien difficile ; rien n'est plus simple cependant. Tout le secret consiste dans l'emploi d'une matière première dont on s'approvisionne pour d'autres circonstances accidentelles encore, et qui, dans un espace de temps « gai relativement à la même capacité des cornues, peut subvenir à une production de lumière douze fois plus grande : c'est le schiste bitumineux d'Ecosse, désigné sous le nom de *bog-head*. Il contient plus des trois quarts de son poids (77 centièmes) d'une substance bitumineuse particulière, car elle est presque entièrement insoluble dans les liquides dissolvants ordinaires des bitumes (le sulfure de carbone, l'essence de térébenthine et la benzine).

La substance bitumineuse du *bog-head* peut être obtenue, partiellement décomposée, à l'aide d'une distillation ménagée, sans « lever la température au-delà de 350 à 400 degrés. On recueille ainsi de 35 à 40 centièmes d'une huile goudronneuse qui, rectifiée par l'acide sulfurique, par des lavages et des distillations, donne des hydrocarbures très volatils, propres à l'éclairage dans les *lampes à schiste*. Les hydrocarbures plus lourds s'emploient pour extraire la quinine des quinquinas ; on brûle les autres pour recueillir du noir de fumée : il reste des goudrons épais, d'où l'on peut extraire de la paraffine applicable à la préparation des bougies demi-translucides. Depuis quelque temps, on obtient plus économiquement ces divers produits en traitant les huiles de *petroleum* de Pensylvanie.

La principale application actuelle du *bog-head* se fonde sur la grande quantité de gaz éclairant qu'il peut fournir lorsqu'on le chauffe brusquement dans des cornues en argile portées à la température du rouge clair ou de 900 à 1,000 degrés. Ce gaz, facile à épurer, représente, pour une égale contenance du vase distillatoire et dans le même temps écoulé, douze fois plus de lumière que le gaz provenant de la houille, puisque la distillation du *bog-head* est trois fois plus rapide, et qu'à volume égal le gaz qu'on en retire développe, en brûlant, une intensité lumineuse quatre fois plus grande. On est récemment parvenu à obtenir des résultats qui approchent de ceux-ci en substituant au *bog-head* du *cannel coal*, espèce particulière de lignite dont il a déjà été question, qui se distille plus vite que les houilles proprement dites, donne un plus grand volume d'un gaz de meilleure qualité, et présente, comparativement avec le *bog-head*, l'avantage de laisser après la distillation un coke applicable au chauffage domestique, tandis que le résidu d'argile charbonneuse que l'on obtient du *bog-head* est à peu près sans valeur.

A la fabrication du gaz se rattachent d'ailleurs, comme autant d'annexés productives, les applications nouvelles des produits accessoires suivants : le coke, substance charbonneuse fixe restée dans la cornue ; — les eaux ammoniacales engendrées par la décomposition des substances azotées renfermées dans la houille ; — le goudron, qui recèle un grand nombre d'hydrocarbures provenant de la partie bitumineuse partiellement volatilisée après des transformations diverses. Le plus important de ces produits, le coke, représente environ les trois quarts du poids de la houille distillée. Exempt de fumée, il développe, en brûlant sur des grilles bien construites, plus de chaleur rayonnante utile dans les appartements que tout autre combustible ; mais il est trop léger pour convenir aux opérations métallurgiques et servir au chauffage des locomotives. On employait à la vérité, pour chaufferies cornues, un tiers de la quantité de coke journellement produite ; mais le chauffage domestique ne consommait pas le surplus, le coke s'accumulait en tas énormes dans les usines, subissant des déperditions journalières et représentant un capital mort considérable. On en était venu depuis quelques années à distiller une partie de la houille dans de grands fours recevant chacun à la fois une charge de 6,000 kilogrammes afin d'obtenir un coke compacte et lourd vendable aux manufacturiers métallurgistes et aux entrepreneurs de la traction sur les chemins de fer ; mais les usines recueillaient ainsi du gaz moins dense, moins riche en carbone et moins éclairant. Ce fut au milieu de ces difficultés qu'on s'avisa d'un moyen bien simple, mais qui suffit à développer rapidement la consommation. Jusque-là le coke des usines, seulement débarrassé à la claie des plus menus morceaux, contenait, en très grand nombre, des fragments trop volumineux

Le gaz d'éclairage.

pour être facilement braies dans les foyers de petite et de moyenne dimension. Il n'y avait pas une grande difficulté à vaincre cet obstacle, il suffisait de procéder à la façon de Christophe Colomb faisant tenir un œuf debout ; mais personne n'y avait encore songé. Qui en eut l'idée première ? Je l'ignore. Quoi qu'il en soit, à dater de l'époque où, à très peu de frais, le coke, concassé dans un moulin, puis spontanément trié dans sa chute au travers de blutoirs gradués, fut approprié aux dimensions de toutes les grilles, et l'usage s'en répandit si promptement dans le chauffage domestique, que le commerce spécial organisé à cette occasion eut bientôt enlevé les tas amoncelés dans les cours des usines.

Quant à ce qui concerne les eaux ammoniacales provenant de la condensation des vapeurs aqueuses du gaz traitées par la chaux éteinte (hydratée), elles dégagent de l'ammoniaque directement épurée dans l'appareil et donnent, à la volonté de l'opérateur, soit de l'*alcali volatil* (eau saturée d'ammoniaque), soit des sels ammoniacaux revenant à plus bas prix que les produits similaires obtenus par la distillation des matières animales (débris d'os, de laine, de soie, de cornes, sang desséché, etc.), en sorte que cette dernière industrie fondée à Grenelle, en 1792, par mon père, et qui fit durant cinquante années une concurrence victorieuse à l'antique industrie égyptienne de la province d'Ammonie [20], est à son tour supplantée par l'extraction moins dispendieuse encore de l'ammoniaque des eaux du gaz. Les produits ammoniacaux sont devenus d'année en année plus abondants, et le cours commercial s'en est abaissé à mesure que la fabrication du gaz a pris une extension plus grande. Dès lors il est devenu possible de les appliquer à la nutrition des plantes, car ils recèlent un des éléments utiles, autrefois méconnu, du développement de la vie végétale. En Angleterre, où le prix des sels ammoniacaux est très bas, cet engrais sert à des applications plus fréquentes et plus étendues que chez nous.

Autrefois dans les usines le goudron était plus embarrassant que le coke : ne sachant comment s'y prendre pour l'emmagasiner sans des frais trop considérables, on essaya d'abord de le brûler pour chauffer les cornues. Le succès fut douteux ; des difficultés presque insurmontables firent abandonner cette application dans plusieurs usines, et en attendant que des procédés nouveaux permissent d'en tirer parti, le goudron le plus épais fut enfoui dans des terrains isolés où l'humidité l'empêchait de s'infiltrer. Plus tard, des débouchés nouveaux avaient été ouverts au goudron, et l'on ne songeait plus à ces anciens dépôts, lorsqu'une circonstance bizarre vint en rappeler le souvenir. On était alors lancé dans un mouvement de spéculations effrénées où toutes sortes d'entreprises industrielles servaient de prétexte à des sociétés par actions. Un jour parut une annonce signalant la découverte d'un nouveau gisement de bitume, dont l'exploitation devait être d'autant plus profitable que la mine se trouvait située aux environs de Paris. Les affleurements avaient été reconnus dans le département de la Seine. Ceux-ci, on le devine, n'étaient autre chose que les bords d'une grande fosse remplie depuis dix ans de goudron de gaz, et toutes les espérances fondées sur une concession de cette mine imaginaire s'évanouirent aussitôt.

La situation est aujourd'hui bien changée. Plusieurs grandes et sérieuses industries récemment créées utilisent toutes les quantités de goudron qui sortent des usines d'éclairage en Angleterre, en France, en Belgique, et leurs produits viennent en aide à d'autres fabrications. Quelques résultats montreront l'importance de ces créations nouvelles.

On employa dans l'origine une assez grande quantité de ces goudrons pour préparer les huiles distillées applicables soit à l'éclairage des ateliers, soit à des peintures grossières dans les campagnes ; les résidus épais, dits brais gras, servirent à imprégner des briques et autres matériaux de construction, à fabriquer par le mélange avec la craie sèche des mastics fusibles à chaud, propres à garantir des infiltrations de l'eau, les constructions sous le sol et à assainir les rez-de-chaussée humides. On en fit des enduits imperméables ; malheureusement ils résistaient moins aux changements de température que les mastics bitumineux de Seyssel et de Lobsann. L'excès des résidus goudronneux encombrait toujours les usines, et l'on s'en débarrassait sans profit, comme on l'a vu plus haut. Cependant, depuis plus de quinze ans, on avait réussi à tirer un meilleur parti des goudrons des usines en les soumettant à une distillation partielle dans de grands alambics en tôle[21] : on en tirait le quart de leur poids de produits très fluides destinés à être injectés dans le bois, qu'ils garantissent contre la pourriture et les

Le gaz d'éclairage.

attaques des insectes ou des végétations cryptogamiques, d'après la méthode de Bréant, réalisée en grand par Bethel. Ces produits, désignés sous la dénomination inexacte de créosote, furent dès lors et sont aujourd'hui même appliqués avec un succès incontesté à la préparation des traverses en bois de hêtre et de sapin, dont ils triplent la durée, et qui servent à soutenir les rails des chemins de fer. Peu de temps après, on parvint en France à séparer des mêmes produits de la distillation les parties les plus volatiles, qui, successivement épurées par l'acide sulfurique, les solutions alcalines et l'eau, puis deux fois rectifiées à l'alambic, donnèrent les hydrocarbures très liquides, blancs, diaphanes, volatils à l'air sans résidu, généralement connus sous le nom peu justifié de *benzine* et appliqués avec succès soit à rendre plus siccatives les peintures à l'huile, soit à donner plus de clarté au gaz ou à dégraisser les étoffes.

Quant au résidu goudronneux de la distillation, bien que l'emploi en fût graduellement développé dans la confection des mastics bitumineux, on n'en consommait encore qu'une quantité insuffisante. Il n'en est plus de même depuis l'extension rapide d'une industrie spéciale fondée par M. Marsais, mais qui, perfectionnée à l'aide du lavage mécanique des houilles menues, suivant les systèmes de MM. Bérard et Evrard, et des machines à mouler de MM. Middleton et Mazeline, modifiées en dernier lieu par M. Dehaynin, a pris sous l'impulsion énergique de cet habile manufacturier de telles proportions que les résidus goudronneux recueillis en France sont devenus insuffisants, et qu'on en importe maintenant d'Angleterre et de Belgique.

Voici dans quelles conditions fonctionne, sous la même direction en Belgique et en France, l'industrie remarquable qui a produit une si heureuse transformation. On obtient, par voie de distillation et de rectification, de chaque tonne (pesant 1,000 kilogr.) de goudron de houille, d'abord 30 kilogr. d'*huiles* légères qui, à l'aide de plusieurs réactions chimiques, nous donnent les couleurs magnifiques appliquées aux teintures sur soie en violet, en rouge et en bleu, les plus brillantes que l'on connaisse aujourd'hui[22]. Un deuxième produit, pesant 160 kilogr., qui passe à la distillation, ce sont des *huiles lourdes* qu'on laisse déposer ; la plus grande partie qui surnage est décantée ; elle sert à imprégner les traverses de chemins de fer[23]. Le dépôt, contenant beaucoup de naphtaline cristallisée, est réservé pour obtenir, par la combustion dans des appareils spéciaux, un très beau *noir de fumée*, applicable aux impressions typographiques et lithographiques, à la peinture, etc. Il reste enfin dans la chaudière de l'alambic 750 kilogrammes de goudron épaissi, désigné sous le nom de *brai gras*. Cette sorte de résidu, naguère produit en excès, constitue aujourd'hui, surtout en raison des masses considérables de houilles menues auxquelles il donne un emploi utile, la partie la plus intéressante de la grande exploitation nouvelle[24].

Les houilles menues en général ont une si faible valeur, soit à cause des substances étrangères terreuses, des schistes et pyrites qu'elles contiennent, soit par la difficulté de les faire brûler, que la plus grande partie reste invendable aux alentours des puits de mine. Il s'en trouve en ce moment plus de 800,000 tonnes (800 millions de kilogrammes) qui encombrent l'exploitation de Charleroi. Or ces menus, débarrassés par une lévigation mécanique des substances étrangères, ont la même puissance calorifique que l'excellente houille de cette exploitation. Après les avoir ainsi purifiés, on leur donne les formes et les dimensions les plus favorables à la combustion sur les grilles des locomotives en les agglomérant avec 8 de brai gras pour 92 de menus épurés. Le mélange, porté à la température de 300 à 350 degrés par la vapeur surchauffée, devient pâteux ; on le refoule mécaniquement, sous une forte pression, dans des moules cylindriques ou rectangulaires, et l'on obtient après le refroidissement, soit des cylindres solides compactes mesurant 13 centimètres de diamètre et 5e, 5 de hauteur, pesant 8k, 950g, soit des blocs prismatiques (parallélépipèdes rectangles) dont la base a sur un côté 14e, 75, sur l'autre 18e, 5 et 29e de hauteur ; chacun de ces blocs pèse 10k. On voit, en adoptant ces dimensions pour base de calcul, que la densité de ces menus fragments agglomérés est à très peu près de 1,300, c'est-à-dire égale à la densité réelle de la houille.

Tels sont les morceaux volumineux et denses que l'on désigne sous le nom d'*agglomérés*. On les charge très facilement sur les grilles des foyers de locomotives ; ils s'enflamment aussitôt au contact du charbon incandescent ; le goudron interposé, tout en brûlant, s'agglutine aux menus fragments tuméfiés eux-mêmes, puis se transforme partiellement en un coke qui se soude avec le

Le gaz d'éclairage.

coke simultanément produit par la houille menue : il en résulte que la combustion s'achève sans que les gros fragments soient désagrégés, et sans qu'ils puissent mettre obstacle à l'accès de l'air entre les barreaux de la grille. Ce nouveau combustible, vendu sous la garantie d'un maximum de cendres de 6 pour 100, est maintenant très recherché par les compagnies de chemins de fer. Il représente en effet une puissance calorifique un peu plus grande sous le même poids que la houille en *gaillettes* ou en gros fragments de première qualité. Ce fait est facile à expliquer, si l'on se rappelle que les substances étrangères à la houille, inertes comme combustible, ont été d'abord en grande partie éliminées, et que d'un autre côté l'on a introduit dans le mélange, fait à chaud, 8 pour 100 d'un goudron épais, dont le pouvoir calorifique est moitié plus grand, en raison de l'hydrogène qu'il contient, que celui du carbone pur.

Cette ingénieuse méthode, ainsi perfectionnée et mise en pratique sur une grande échelle, donnant un combustible plus énergique à un prix moindre que la houille ordinaire, a trouvé de larges débouchés. Déjà les usines de M. Dehaynin jeune et d'une compagnie rivale peuvent livrer annuellement 255,000 tonnes de 1,000 kilogrammes ou 255 millions de kilogrammes de ces houilles agglomérées. Le résultat définitif, doublement utile au point de vue de l'intérêt général, c'est de supprimer l'encombrement sur le carreau de la mine, tout en produisant avec des débris autrefois négligés une houille de première qualité sous des formes régulières bien appropriées au chauffage des chaudières à vapeur. Une conséquence directe de cette transformation des débris des mines de houille en un combustible puissant, livré à 13 ou 14 francs la tonne, c'est de réduire les frais de traction sur les chemins.de fer. Il est inutile de faire ressortir l'importance d'un pareil résultat. En résumé, l'examen de cette industrie, où un résidu provenant du goudron, en s'ajoutant aux menus débris des mines de houille, compose un combustible plus puissant et plus économique à la fois que la houille elle-même, conduit à cette proposition, absurde en apparence et néanmoins exacte, que tout fabricant de gaz d'éclairage est en définitive un producteur de combustible[25].

Parmi les industries annexes qui se sont formées autour de la grande industrie du gaz, il faut encore compter celle qui s'est attachée spécialement à la rendre transportable. Le problème était d'emmagasiner le plus grand volume possible dans des vases hermétiquement clos. Les inventeurs qui s'en occupaient ne pouvaient atteindre leur but que par une forte compression. On évitait ainsi les frais considérables et les chances de fuite des longs parcours dans des conduites souterraines, les altérations du sol et des plantations sur les voies publiques ; mais il fallait trouver les moyens de contenir le gaz sous cette énorme pression dans des enveloppes solides sans que le poids en fût trop considérable : Arago et Dulong étudièrent la question à ce point de vue et parvinrent à la résoudre provisoirement en limitant le diamètre des vases cylindriques, sauf à multiplier le nombre de ces récipients.

Il restait à trouver une autre disposition qui permît de faire à volonté sortir le gaz, au moment de l'allumage, sous la pression faible et constante qui convient au développement d'une flamme lumineuse exempte d'oscillations. Plusieurs mécaniciens habiles, à l'aide d'ingénieuses combinaisons de robinets dont la pression elle-même réglait l'ouverture très minutieusement graduée, atteignirent le but ; mais en somme la construction de tous ces récipients et appareils était trop dispendieuse, le pouvoir éclairant du gaz trop limité pour que l'industrie dans ces conditions devînt profitable. Déjà quelques établissements fondés sur ces principes avaient succombé lorsque deux inventions remarquables, dues à Houzeau-Muiron, ingénieur-manufacturier à Reims, changèrent la situation. Mettant à profit une invention antérieure de Taylor, qui donnait, par la décomposition ignée des huiles, un gaz trois ou quatre fois plus éclairant, à volume égal, que le gaz de la houille, Houzeau-Muiron rendit cette préparation économique en extrayant la matière grasse des eaux savonneuses, rejetées d'ordinaire après le lavage des laines ; d'un autre côté, le même inventeur parvint à transporter le gaz nouveau, sans compression, dans d'immenses sacs cylindriques en toile imperméable (d'une contenance de 25,000 litres) qui, flexibles comme des soufflets entre deux disques en bois, étaient facilement transvidés dans des gazomètres ordinaires chez les consommateurs, car il suffisait de rapprocher, à l'aide d'un simple mécanisme, les deux fonds solides pour faire sortir la presque totalité du gaz, après avoir établi une communication avec le gazomètre par des tubes flexibles.

Dans ces conditions nouvelles, l'industrie du gaz portatif, fondée en 1836 à Paris, eut d'abord quelque succès. Cependant les faibles bénéfices que réalisait l'entreprise, les embarras qu'occasionnait la circulation de ces énormes voitures dans les rues de la capitale firent chercher une autre solution ; on y arriva par une double modification dans la production du gaz et dans les dispositions relatives à l'emmagasinement, au transport et à la distribution à domicile. Les inventions nombreuses qui s'étaient succédé de 1818 à 1845 avec le concours de MM. Déodore et Baradère, Manby, Wilson et Henry, Piquet, Hanchett et Smith, Houzeau-Muiron et Rohaut de Fleury, avaient avancé l'étude de ce difficile problème, dont la solution définitive était réservée à MM. d'Hurcourt et Hugon. Ce n'est qu'à dater de l'époque où ces savants ingénieux, appliquant les notions chimiques primitives de Selligue sur la distillation des schistes, les données fournies par Jeanneney sur le gaz riche du *bog-head* d'Ecosse, imaginèrent eux-mêmes et améliorèrent par degrés tout un système d'emmagasinement du gaz sous une pression bmitée à 10 ou 12 atmosphères (au lieu de 30 à 40 anciennement essayée) et ajoutèrent enfin de nouveaux moyens de distribution régulière, ce n'est qu'alors seulement que l'industrie du gaz portatif devint prospère, et se propagea sous la direction de la même compagnie dans plusieurs villes de France et de l'étranger[26].

Tels ont été les progrès scientifiques ou économiques de la fabrication du gaz d'éclairage, telles ont-été les inventions auxquelles cette industrie de date si récente a donné l'essor, et l'on ne peut mieux terminer cette étude qu'en rappelant à quelle cause sont dus de si importants résultats. Cette cause, qui agira de plus en plus, il faut l'espérer, au sein des sociétés modernes, c'est le bienfaisant accord de la science, et des arts utiles.

Notes

1.   Tous ces combustibles doivent Être considérés comme les débris plus ou moins complètement désorganisés des végétaux et des animaux des anciens âges, depuis les tourbes, qui se forment encore sous nos yeux, jusqu'aux lignites et aux houilles proprement dites. On sait qu'en étudiant les empreintes, parfois

Anselme Payen

très nettes, des plantes intercalées dans les schistes limitant les couches de houille et dans les filets schisteux interposés, les botanistes ont pu reconnaître les familles végétales auxquelles ces plantes appartiennent et reconstituer ainsi une partie de la Houe des époques antédiluviennes.

2. Par la difficulté à peu près insurmontable de surveiller convenablement, à peu de frais, une opération aussi délicate, on serait sans cesse exposé à des explosions ou à des incendies. Il a fallu cependant que, sur l'avis des conseils d'hygiène, l'autorité intervint plus d'une fois dans l'intérêt de la sécurité générale pour empêcher l'installation de ces petits appareils dans l'intérieur des habitations, partout en un mot où le fourneau, les appareils épurateurs et le gazomètre, ne pouvant être suffisamment isolés, deviendraient un danger.

3. Ce fut à cette occasion que Cagniard de Latour, depuis membre de l'Institut, inventa l'ingénieuse machine à laquelle son nom a été donné. La cagniardelle est une transformation de la vis d'Archimède. Le mouvement de rotation s'accomplissant en sens inverse, elle refoule les gaz, au lieu d'élever l'eau. Elle peut servir encore à mesurer le gaz écoulé, lorsque, recevant du gaz lui-même le mouvement de rotation, elle transmet par des roues d'engrenage l'indication précise du volume qui la traverse à des aiguilles tournant sur des cadrans gradués : la cagniardelle devient alors un compteur de gaz.

4. Depuis 1820, plus de huit cents brevets ont introduit autant de modifications, les unes importantes, les autres éphémères, se succédant à de courts intervalles, dans la construction des fours et des cylindres distillatoires, dans la disposition des appareils et des machines à extraire, conduire, épurer, compter et distribuer le gaz, et dans les moyens d'en accroître la puissance lumineuse.

5. Rion en définitive n'est plus facile que de constater la présence des particules charbonneuses dans une flamme éclairante ordinaire, celle du gaz ou d'une bougie : il suffit de placer un instant au milieu de cette flamme un corps froid, tel par exemple qu'une soucoupe de porcelaine blanche, pour produire aussitôt une large tache noire duc au carbone déposé, et dont le corps froid a fait cesser l'incandescence en arrêtant la combustion aux points de

contact.

6.   L'exploitation des huiles minérales provenant des sources de Pensylvanie s'est considérablement développée depuis qu'il en a été question ici même. Elle représente actuellement un commerce annuel d'environ 2 milliards de kilogrammes.

7.   Il y a quelques années encore, j'ai pu voir à l'usine royale de la rue Rochechouart les ouvriers des fours, après avoir été exposés à la chaleur rayonnante intense du coke incandescent qu'ils retiraient des cornues, courir, aussitôt leur rude tâche accomplie, encore demi-nus et tout ruisselants de sueur, se courber au-dessus de baquets disposés à cet effet, où un de leurs camarades versait immédiatement sur leur dos un seau d'eau froide. Chose remarquable, la réaction produite par l'extrême chaleur qu'ils venaient d'endurer était telle que l'abondante et froide aspersion ne produisait pas en eux un abaissement de température nuisible à leur santé. Toutefois ce n'est jamais sans quelque danger que l'homme se trouve journellement soumis à de pareilles épreuves, et il est fort heureux que cette manœuvre si pénible soit amenée aujourd'hui à des conditions bien plus supportables.

8.   Ainsi donc quatre massifs de ces fours fournissent une quantité de gaz qui alimente 134,000 becs ; ceux-ci, dans le cours d'une année, c'est-à-dire pour une moyenne de 5 heures pendant 365 jours, consomment 30,600,000 mètres cubes de gaz.

9.   Telle est aussi la cause de la production des flammes légères, bleuâtres, que chacun a pu remarquer au-dessus du coke incandescent amoncelé sur les grilles des foyers d'appartement.

10.   Cette aspiration est tellement bien réglée à l'aide d'un régulateur, que les cornues ne supportent aucune pression sensible à l'intérieur, et l'on évite ainsi les fuites par les joints entre les vases distillatoires et les premiers réfrigérants.

11.   On a depuis peu de temps substitué dans plusieurs usines aux colonnes pleines de coke des colonnes semblables vides munies à l'intérieur de lames de tôle ou chicanes entre lesquelles le gaz circule en montant, tandis que l'eau versée en arrosage facilite le dépôt des vapeurs globulaires.

12.   4 mettes carrés de ces surfaces filtrantes sont nécessaires pour épurer au passage 1,000 mètres cubes du gaz de la houille.

Anselme Payen

13.   Tel est aussi l'effet qui se produit lorsque des fuites de gaz mal épuré brunissent dans les appartements les peintures à la céruse (carbonate de plomb) ou donnent à l'argenterie une teinte irisée, brune ou noirâtre, en formant alors un sulfure d'argent, noir comme le sulfure de plomb.

14.   En 1848, le nombre total des becs alimentés par les usines qui distribuent le gaz à l'aide de conduites souterraines, en y ajoutant les becs qu'alimente le gaz portatif (transporté dans des cylindres en tôle et réduit au dixième de son volume sous la pression de 10 atmosphères) ne s'élevait encore qu'au chiffre de 87,055. Ce nombre est plus que quintuplé aujourd'hui, et la progression est loin de s'arrêter : on peut s'en convaincre par la comparaison entre deux années consécutives dans Paris, communes annexées comprises.

Années	Nombre de mètres cubes	Nombre des becs de la ville	Nombre des becs des particuliers
1861	84,250,676	20,807	462,875
1860	75,518,922	17,538	396,004
Augmentation	8,731,754	3,209	66,871

15.   On voit que, de 1860 à 1861, l'augmentation du volume consommé dépassait un dixième, et que, la progression continuant ainsi, la fabrication serait doublée avant dix ans.

16.   Ce nom indiquerait, à proprement parler, un appareil mesureur du gaz, tandis que la principale fonction des gazomètres (bien que chacun d'eux porte un simple indicateur du volume renfermé) est de contenir ou d'emmagasiner le gaz. Aussi la dénomination adoptée en Angleterre semble-t-elle préférable, puisque le mot composé gaz-holder signifie récipient ou réservoir de gaz.

17.   Depuis quelque temps, la jonction hermétique a été rendue plus économique et plus facile en préparant une rainure circulaire à l'un des bouts, où s'engage une corde en bourre de chanvre enduite de suif et de plombagine. On introduit cette extrémité dans le renflement du tube suivant, et on la fait pénétrer a coups de maillet frappant sur un mandrin en bois.

Le gaz d'éclairage.

18.   Nom donné aux entrepreneurs qui se chargent d'établir les appareils de distribution du gaz dans les habitations.

19.   Grâce à l'appel d'une puissante cheminée d'aérage, l'air nouveau, porté à une température douce et régulière, arrive en telle abondance dans le liant de ces salles, qu'il représente pour chaque personne un volume de 60 mètres cubes ou 30,000 mitres pour 500 auditeurs.

20.   On a en outre mis à la disposition du public une plus grande quantité de lumière en abaissant d'un mètre la hauteur des colonnes portant les lanternes à gaz. Il est facile de se rendre compte de l'efficacité de ce moyen si simple en se rappelant que l'intensité lumineuse est en raison inverse du carré de la distance entre la flamme et les objets à éclairer. Un réflecteur au-dessus de la flamme, renvoyant vers le sol les rayons lumineux qui naguère étaient perdus dans l'espace, a complété les dispositions économiques récemment adoptées.

21.   On sait qu'en Égypte la fabrication du sel ammoniac est basée sur l'emploi des excréments des chameaux. Ces déjections solides desséchées, puis employées comme combustible, laissent dégager des sels ammoniacaux volatils qu'on recueille dans les cheminées traînantes, et que l'on épure en les faisant sublimer dans des pots en terre à col étroit.

22.   L'industrie, qui transforme les poussiers de charbon de bois en charbon moulé sous forme cylindrique et aggloméré par l'interposition du goudron qui se carbonise, cette industrie, fondée par M. Popelin-Ducarre, emploie une certaine quantité de goudron de houille.

23.   Ces couleurs à la vérité sont moins durables, surtout exposées simultanément à la lumière vive et à l'air humide, que celles que l'on obtient avec les anciennes matières tinctoriales.

24.   Cette huile, en ce moment plus complètement épurée d'après les procédés de M. Lemire, brûle facilement dans les lampes Carcel et donne une très belle et très économique lumière ; dans quelque temps, il n'en restera plus pour imprégner les bois. Déjà l'on peut y suppléer en employant du sulfate de cuivre, suivant le système perfectionné de MM. Legé et Fleusy-Pironnet.

25.   La différence de 60 kilogr. entre le poids total des trois

Anselme Payen

produits principaux obtenus et le poids initial des 1,000 kilogr. de goudron brut employé représente la déperdition éprouvée dans cette opération distillatoire.

26.   Voici la simple démonstration de ce fait. 100 kilos de houille distillée produisent en France 6 kilos, en Angleterre 7 kilos de goudron ; la moyenne proportionnelle est au minimum de 6k, 5, dont on obtient, après extraction des huiles volatiles, 4k, 875 de brai gras suffisant à la fabrication nouvelle de 60k, 93 de houille agglomérée. Si l'on y ajoute 50 kilos de coke disponible dans les usines comme en excès sur la quantité utile au chauffage des cornues, il est évident que pour 100 de houille distillée on obtient directement et indirectement 110 de combustible minéral livrable à la consommation pour les usages domestiques et le chauffage des générateurs. Cette production totale, ou, si l'on veut, la reconstitution d'un combustible rendu usuel, s'élèverait à 135 kilos pour 100 kilos de houille distillée, si l'on employait pour le chauffage des cornues, par 1& procédé de l'oxyde de carbone que nous avons décrit ; des houilles menues ou terreuses impropres à d'autres usages. Ainsi donc la fabrication du gaz, considérée jusqu'ici comme la cause d'une effrayante consommation de houille, devient une source de reproduction du combustible minéral.

27.   L'usine centrale de la rue de Charonne produit journellement 1,000 mètres cubes du gaz en question, équivalant à près de 4, 800 mètres cubes du gaz ordinaire de la houille. Sans doute la distillation du bog-head, ne laissant qu'un résidu charbonneux et argileux à peu près sans valeur, ne peut produire le gaz aussi économiquement que le traitement de la houille, car celle-ci donne en outre plusieurs produits accessoires, dont la valeur diminue le prix coûtant du produit principal ; mais les bénéfices sont encore assez rémunérateurs pour que l'industrie spéciale ait sa raison d'être et vienne combler une importante lacune.

Le gaz d'éclairage.

La soude artificielle

Une des industries chimiques dont les applications sont les plus variées, et dont l'histoire est la moins connue, est assurément celle de la soude artificielle. La soude fournit une matière première indispensable à un grand nombre de fabrications des plus importantes. En découvrant les moyens de la préparer artificiellement, la science a ouvert à la France une nouvelle source de richesse. Elle a en même temps déterminé l'essor de plusieurs industries et donné surtout à la production de l'acide sulfurique une impulsion qui a renouvelé en quelque sorte le champ de la chimie industrielle. Enfin cette découverte emprunte aux circonstances où elle s'est produite un motif particulier d'intérêt : c'est là une industrie toute française ; elle est née, elle a grandi sur notre sol ; elle a surgi au milieu de la crise la plus mémorable de notre histoire, la révolution française ; il lui a été donné de sauver notre prospérité commerciale d'une ruine imminente et d'être indirectement utile à la défense du territoire. Il y a donc, à retracer les origines récentes de cette fabrication, à en décrire les procédés, à en montrer l'influence sur diverses applications de la chimie, un intérêt que reconnaîtront sans peine les amis éclairés de la science.

I

La soude est un oxyde métallique, c'est-à-dire le produit de la combinaison d'un métal, le sodium, avec l'oxygène. Elle appartient, comme la potasse, avec laquelle elle a beaucoup de propriétés, par suite beaucoup d'applications communes [1], au genre de corps que les Arabes appelaient déjà au IXe siècle des *alcalis*, nom qui leur est resté [2]. Elle a une grande affinité pour les acides, et se combine avec eux pour former des sels. — En industrie, tantôt on utilise directement dette affinité des alcalis pour les acides, par exemple dans le dégraissage ; tantôt on ne s'en sert que pour produire des sels qu'on applique ensuite à des usages divers, par exemple dans la fabrication des savons formés d'acides gras et de soude ou de potasse. La véritable composition des alcalis était complètement inconnue aux anciens alchimistes ; ils ne se rendaient nul compte des réactions qui se manifestaient au contact des acides, et ils

Anselme Payen

n'étaient guidés que par des tâtonnements empiriques dans le dosage des deux substances nécessaires à la préparation d'un sel déterminé. Ils avaient cependant obtenu plusieurs sels alcalins, et les applications possibles de ces sels avaient été aperçues. C'est ainsi que la potasse, combinée avec l'acide nitrique ³, avait donné le salpêtre, un des ingrédients de la poudre. Plusieurs sels de soude avaient été utilisés de même et alimentaient, à la fin du XVIIIe siècle, de grandes industries. Il suffira, pour indiquer l'importance qu'avait à ce moment la soude dans l'ensemble de la fabrication nationale, de dire quelques mots des savonneries et des verreries.

Colbert avait importé de Savone à Marseille la fabrication du savon, et la Provence avait vu se fonder bientôt de vastes usines très florissantes. Le savon blanc et marbré qu'elles livraient au commerce n'a pas perdu sa supériorité et occupe encore aujourd'hui le premier rang parmi tous les produits similaires des autres nations. On obtenait ce produit en combinant la soude avec les acides gras de l'huile d'olive, l'acide oléique et l'acide margarique. Nombre d'industries voyaient leur prospérité attachée à la prospérité des savonneries provençales. Tout le monde connaît en effet les multiples applications du savon : outre les usages domestiques, on sait qu'il est indispensable au blanchiment, à l'apprêt des étoffes, à la teinture, aux impressions sur tissus ; presque toutes les branches d'industrie qui se rattachent aux matières tissées sont tributaires des savonneries. Les verreries, de leur côté, consommaient d'immenses quantités de soude. Le verre n'est qu'un composé de silice ou pierre à fusil (acide silicique) et de diverses bases alcalines et terreuses, la potasse, la soude, la chaux, la baryte ; certains oxydes minéraux lui donnent les colorations les plus variées, quelquefois les plus fâcheuses : que la pâte contienne seulement des traces de fer, et au lieu de verre blanc on n'a que du verre commun à vitres, ou, si l'oxyde ferrugineux est en proportions plus fortes, du verre à bouteilles d'un vert foncé. Au contraire joignez à une pâte bien blanche à base de potasse une certaine quantité d'oxyde de plomb, vous avez le cristal. Augmentez la dose convenablement, vous obtenez le strass, dont le pouvoir dispersif est si remarquable qu'il approche presque de celui du diamant. Entre ces deux produits extrêmes, l'humble bouteille brune et le brillant cristal à facettes, que de produits intermédiaires et que de services rendus ! Les vitres, qui ont tant fait pour la commodité et la salubrité des habitations, les grandes glaces, dont l'apparition bouleversa l'art de décorer les appartements, la gobeleterie commune et riche, les cristaux des lustres, tels étaient les objets de cette magnifique industrie, qui satisfaisait à la fois aux nécessités les plus usuelles et répondait aux besoins du luxe le plus recherché. On ne s'étonnera plus après cela de l'importance qu'elle avait conquise, et on se fera une idée du nombre immense d'intérêts, d'industries et de commerces secondaires qui gravitaient autour d'elle.

Or la France, qui consommait de si grandes quantités de potasse et de soude, en produisait des quantités insignifiantes, et tirait tous ses approvisionnements de l'étranger. Ces deux alcalis étaient obtenus de temps immémorial soit en récoltant le *natron* durant l'évaporation d'eaux alcalines dans des lacs peu profonds, soit en brûlant certaines plantes cultivées sur les bords de la mer et en recueillant l'alcali contenu dans les cendres. Le *natron* est un carbonate de soude cristallisé ; certaines eaux contenant de la soude carbonatée en dissolution le laissent déposer en s'évaporant. On trouve des lacs formés de ces eaux et donnant, pour ainsi dire, la soude d'eux-mêmes en Égypte, en Hongrie, en Russie, aux Indes, au Thibet, au Pérou. Les cendres des végétaux contiennent aussi des alcalis ; si les végétaux ont grandi sur les plages maritimes, la soude domine dans ces cendres ; la potasse s'y trouve presque seule au contraire quand ils ont grandi dans l'intérieur des terres. On séparait l'alcali en lavant ces cendres : l'eau dissolvait la potasse ou la soude et l'entraînait avec elle, et l'on pouvait alors soit utiliser directement cette eau alcaline pour le lessivage du linge, soit, en la filtrant et la soumettant ensuite à l'évaporation, recueillir l'alcali en masses compactes ou granulées, blanches, rosées ou bleuâtres. Le natron était la première source de soude, l'incinération des végétaux marins la seconde. Les soudes brutes de cette deuxième provenance étaient connues dans le commerce sous les noms de soudes d'Alicante, de Ténériffe, d'Espagne, de Narbonne, etc. Les désignations seules indiquent combien le marché français, pour les approvisionnements de soude, était dans la dépendance de l'étranger. Il existait bien un troisième moyen d'avoir de la soude ; en traitant les cendres, non plus des plantes croissant sur le bord de la mer, mais des plantes croissant dans le lit même des flots, —

Anselme Payen

algues, fucus ou varechs, — on obtenait un produit appelé soude brute de varech, très pauvre en soude, très riche en composés salins, et qui fut de bonne heure employé à la fabrication du verre, pour laquelle la multiplicité des sels mélangés dans la pâte en fusion n'est pas une condition défavorable.

Tels étaient, en ce qui concerne la production de la soude, les immenses besoins et les ressources indigènes à peu près nulles de notre industrie au moment où commença la révolution française. Mise au ban des nations frappée d'interdit par l'Europe coalisée, la France vit bientôt tarir toutes les sources qui alimentaient la richesse nationale. Ce n'était pas seulement la soude qui lui faisait défaut, c'étaient tous les corps chimiques dont la science était parvenue à tirer parti pour un usage industriel et commercial, c'étaient aussi tous ceux qui étaient indispensables pour les engins de guerre : le salpêtre, le soufre, avec lesquels on fait la poudre, le fer et le bronze des armes à feu. Nos arsenaux et nos poudrières se trouvaient paralysés en même temps que nos plus florissantes industries ; la défense du territoire et la richesse de la France semblaient à la fois irréparablement compromises. Nous fîmes face à tout : le soufre, qu'on retirait de Sicile, fut extrait de la *pyrite martiale*, minerai abondant en France et qui n'est qu'un bisulfure de fer ; le salpêtre fut retiré du sol des caves ; les cloches des églises fournirent le bronze des canons. Enfin les moyens d'obtenir la soude artificielle furent trouvés, et il en résulta sur le marché français une telle abondance de cet alcali, que l'on put appliquer la soude dans une foule de cas où l'on avait employé jusqu'alors soit la potasse, soit un mélange de potasse et de soude, et consacrer à la fabrication de la poudre toute la potasse qui pouvait exister en France dans les centres d'approvisionnements ou être retirée de notre sol. La science et le patriotisme se prêtèrent ainsi un mutuel secours ; la chimie, née de la veille, entassa découvertes sur découvertes, et de cette détresse profonde, où il semblait que la France allait succomber, sortit, au point de vue scientifique et industriel, un ordre de choses nouveau, un progrès immense, dont ne devaient pas tarder à profiter, après leur défaite, les nations coalisées elles-mêmes qui, bien involontairement, avaient déterminé un si admirable mouvement.

La fabrication de la soude artificielle est une des plus importantes

La soude artificielle

et des plus belles découvertes de cette époque féconde. Les procédés qui attestèrent alors le zèle inventif des savants préoccupés de remplacer la soude naturelle se présentèrent en si grand nombre, qu'il fallut réunir une commission chargée de comparer et d'apprécier les divers systèmes. La commission, qui comptait parmi ses membres des savants comme Pelletier et Darcet, déploya une telle activité dans ses travaux, que le 2 messidor suivant elle remettait au comité de salut public, un rapport très explicite sur les procédés, au nombre de seize, sur lesquels elle avait fait des expériences, et qui lui avaient été présentés par les citoyens Leblanc, Malherbe et Athénas, Alban, Daguin, Chaptal et Bérard, Guyton, député à la convention nationale, Carny, Ribeaucourt. Dans le courant de thermidor, la commission présentait un supplément au rapport précédent ; elle y rendait compte de trois nouveaux procédés présentés par les citoyens Souton, Duboscq et Huon, Valentino et Lorgna. On le voit, ni commissaires ni inventeurs n'avaient perdu de temps. Tous les travaux antérieurs, toutes les découvertes poursuivies dans le silence des laboratoires sortaient comme de dessous terre au moment de la crise.

Chose remarquable, parmi des procédés si divers et si nombreux, ; la commission discerna du premier coup celui que l'expérience d'un demi-siècle devait consacrer comme le meilleur. C'était le premier qu'elle eût à examiner, celui de Nicolas Leblanc, qui fonctionnait depuis peu de temps à Saint-Denis. La commission a donné une description très exacte des appareils de Leblanc, une discussion approfondie de son système, et, ceci est peut-être un fait unique dans les fastes des sciences appliquées, cette description et cet examen sont encore vrais aujourd'hui : l'admirable procédé de Leblanc s'est conservé jusqu'à nos jours sans subir de changement notable. Qu'il nous soit permis de tracer ici, d'une façon plus exacte qu'on ne l'a fait encore et d'après des documents authentiques, l'instructive histoire de l'invention et de l'inventeur.

Nicolas Leblanc, d'après les qualifications qu'il se donne lui-même dans ses ouvrages, était « ancien officier de santé, chimiste, ancien administrateur du département de la Seine, membre de plusieurs sociétés de savants et d'artistes. » Il était déjà connu dans les sciences par des travaux sur la cristallographie ; il avait donné une méthode qui porte encore son nom, et qui permet d'obtenir des cristaux isolés, complets, dont on peut à volonté accroître le volume en se plaçant dans certaines conditions qu'il a indiquées. La cristallogénie a occupé la plus grande partie de sa vie, et c'est sans doute uniquement de ses recherches sur les cristaux qu'il attendait une renommée scientifique. Il avait observé le premier que plusieurs sulfates cristallisent de la même façon et peuvent se superposer les uns aux autres dans des cristaux de même forme. Il avait ainsi mis le premier les savants sur la voie d'une théorie nouvelle, la théorie de l'*isomorphisme*. Les mémoires qu'il avait pressentes à l'Académie des Sciences sur cette matière en 1786, 1787 et 1788 avaient obtenu les honneurs de l'insertion dans le recueil des savants étrangers, sur les conclusions favorables de Haüy, Berthollet et Darcet. Un rapport signé au Louvre le 25 juillet 1792 par Daubenton, Sage, Berthollet et Haüy émettait le vœu que N. Leblanc fût invité à former une collection complète de tous les sels cristallisés. « L'exécution de ce projet, ajoutait le rapporteur, mériterait d'autant plus d'être favorisée par des encouragements particuliers que déjà Leblanc y a employé un temps considérable, et que sa constance à suivre ce travail lui a fait faire des sacrifices auxquels son peu d'aisance ajoute un nouveau prix. » Le 27 prairial an II, le comité d'instruction publique de la convention nationale décidait que le citoyen Leblanc serait chargé de rédiger un ouvrage sur la cristallotechnie ; les circonstances empêchèrent cet ouvrage de voir le jour. Enfin, le 30 thermidor an X, un rapport présenté par Haüy et Vauquelin proposait à l'Académie des Sciences « d'inviter le ministre de l'intérieur à fournir au citoyen Leblanc les moyens nécessaires pour continuer ses recherches sur la cristallisation des sels, et pour imprimer son ouvrage en vue de confirmer et d'étendre la théorie de la cristallisation, de former des collections complètes de cristaux bien purs, et de rendre à ses occupations chéries un savant que les malheurs de la révolution ont mis dans l'impossibilité de soutenir sa famille. »

Les derniers mots de ce rapport montrent que Leblanc n'avait pas échappé au sort ordinaire des inventeurs, et qu'il ne lui avait pas été donné de retirer grand profit de la découverte dont il avait enrichi l'industrie française. Cette découverte cependant, au moment même où fut rédigé ce dernier rapport, faisait déjà la prospérité de plusieurs grands établissements. Si Leblanc éprouva dans sa carrière industrielle de cruels mécomptes, il ne paraît pas en avoir été abattu, et il semble au contraire qu'il ne considérait l'installation de sa fabrique de soude artificielle que comme un incident accessoire de sa destinée. Il y avait en lui du savant plus que du manufacturier. Déçu par l'usine, il rentra dans le laboratoire, et jusqu'à la fin de sa carrière poursuivit avec ardeur ses recherches sur la cristallisation. En 1802, la protection et les secours du citoyen Molard, directeur du Conservatoire des arts et métiers, lui permirent de continuer, dans un des laboratoires de cet établissement, ses persévérantes études. Il s'y adonna tout entier, et, sans parvenir à former une collection complète, comme il le voulait, put présenter aux yeux du public des produits très remarquables. Cette collection de cristaux était sa constante et chère préoccupation. « J'aurais pu l'avancer depuis plus de vingt ans, écrit-il avec mélancolie ; elle sera reprise un jour... Si cet art peut être rétabli..., qu'une main plus heureuse, un observateur plus éclairé s'en occupe ! Je serai consolé de n'avoir pu trouver de secours pour porter mon travail plus loin. » De la soude, pas un mot ; de cette fortune entrevue, pas un regret. Dans les écrits où il nous raconte vingt années de travaux patients, à peine si une note succincte mentionne les deux années qu'il a consacrées à établir la fabrique de soude.

Les regrets se seraient bien compris cependant, et quelque amertume même chez le vieil inventeur eût été fort excusable, car Leblanc avait certainement conscience du service qu'il avait rendu à la France, et jamais peut-être entreprise industrielle ne débuta sous d'aussi favorables auspices. Leblanc n'eut pas plus tôt pris un brevet d'invention (27 janvier 1791) pour son procédé, qu'il parvint à trouver les ressources nécessaires à l'exploitation de son brevet avec un prince du sang pour associé. Une société se forma entre Leblanc, Dizé, Schée et le duc d'Orléans. Leblanc apportait dans l'association son brevet, Dizé un procédé de préparation de la céruse et du sel ammoniac ; les deux autres sociétaires fournissaient les capitaux ; On fonda l'usine de Saint-Denis ; on surmonta les premières difficultés qui attendent invariablement tout inventeur lorsqu'il passe des expériences du laboratoire à la fabrication en grand. Deux ans après, en 1793, les commissaires envoyés par le comité de salut public trouvaient l'usine en pleine

Anselme Payen

activité, et le nouveau procédé avait l'honneur éclatant d'être déclaré le meilleur de tous ceux qui avaient été soumis à l'examen de la commission. C'est au moment où cette distinction si flatteuse semblait assurer la prospérité de l'établissement, au moment où des besoins nouveaux, immenses, assuraient à ses produits un inépuisable débouché, qu'une catastrophe inattendue allait ruiner toutes les espérances de Leblanc. La mort du duc d'Orléans, le séquestre rigoureux mis sur ses biens privèrent l'association des capitaux qui lui étaient indispensables. Leblanc avait eu l'idée de fonder une seconde usine à Marseille, à proximité des savonneries. L'idée était des plus heureuses ; un autre devait la réaliser plus tard et y faire sa fortune, tout en rendant un immense service à toute la Provence. Non-seulement Leblanc dut renoncer à ce projet, mais il fallut encore songer bientôt à liquider l'actif social : liquidation désastreuse ; les ustensiles, les meubles, les matières premières, les produits fabriqués furent vendus à la criée. La ruine de l'établissement était consommée sans retour, et dès lors le brevet même tombait dans le domaine public, l'inventeur se trouvant déchu de son privilège par suite de la non-exploitation de son procédé, dont le rapport de la commission avait fait connaître les moindres détails. En l'an VIII, une décision ministérielle réintégrait Leblanc dans la possession du local de l'usine de Saint-Denis ; c'est toute l'indemnité qu'il obtint pour le dommage qu'il avait subi de la publicité donnée à sa découverte. Il fît quelques tentatives pour installer de nouveau la fabrication ancienne dans ces bâtiments démantelés ; il ne parvint pas à réunir les capitaux nécessaires, et l'auteur de la plus grande des inventions modernes dans les industries chimiques mourut pauvre en 1806.

La mort de Leblanc ne désarma pas les rigueurs de la fortune qui l'avait poursuivi. Pendant que son procédé, employé de toutes parts, rendait à l'industrie d'incalculables services, sa famille ne retirait nul fruit de ses travaux, et sa découverte même lui était contestée. — En novembre 1856, l'Académie des Sciences était appelée à donner son avis sur une pétition adressée par la famille Leblanc à l'empereur Napoléon III, et l'honneur lui revenait ainsi de dire le dernier mot sur les origines de cette découverte. Toute la section de chimie fut chargée d'élucider la question ; voici les conclusions que présenta, au nom de la commission, M. Dumas, rapporteur, et qui furent adoptées par l'Académie : « 1° La découverte importante du procédé par lequel on extrait la soude du sel-marin appartient tout entière à Leblanc ; 2° Dizé n'a fait.de recherches en commun avec Leblanc que pour mieux déterminer les proportions des matières à employer, et pour établir la fabrique de Saint-Denis ; si donc, comme le désire la famille Leblanc, il s'agit de rendre un juste hommage à l'auteur de la découverte de la soude factice, c'est à la mémoire de Leblanc qu'il est dû, c'est à sa famille que le témoignage doit en être adressé ; 3° s'il s'agissait en outre d'indemnités à accorder en raison des pertes éprouvées par suite du séquestre mis sur la fabrique de Saint-Denis, ou de la divulgation du brevet de Leblanc et de son annulation, sauf avis d'une autorité plus compétente, la section penserait que ces indemnités doivent être partagées entre les divers associés, aux termes de l'acte d'association du 27 janvier 1791. » Ce solennel hommage rendu par le premier de nos corps savants à la mémoire de l'inventeur ne sera pas le dernier sans doute que la France décernera à Leblanc. Pour nous servir des termes de la pétition sur laquelle l'Académie avait à statuer, — termes qui sont rigoureusement exacts, mérite rare dans une pétition, — Leblanc est en effet « l'auteur d'une industrie qui a donné l'essor à toutes les applications de la chimie aux arts. »

Il ne faudrait pas croire cependant que la ruine, de l'usine de Saint-Denis eût paralysé la production de la soude artificielle et empêché le procédé de Leblanc de rendre au pays, dans les circonstances difficiles où celui-ci se trouvait engagé, les services qu'on en attendait. L'impulsion donnée à cette industrie par l'initiative du comité de salut public survécut à la liquidation de la société. Les besoins étaient les mêmes, les débouchés assurés pour le fabricant ; la production de la soude prit un accroissement rapide. Tandis que certaines fabriques de produits chimiques adoptaient un des nombreux procédés présentés à la commission du comité de salut public, d'autres, mieux inspirées, profitant de ce que Leblanc n'avait pu empêcher son brevet de tomber dans le domaine public, adoptaient complètement la méthode qu'il avait indiquée. Elles appliquaient ainsi, dès le premier moment le conseil donné par la commission, qui avait recommandé ce procédé aux manufacturiers comme le plus industriel et le plus économique. Elles eurent lieu de s'en applaudir, et toutes les usines qui n'avaient pas suivi cet exemple finirent par s'y ranger successivement. Parmi les manufacturiers qui cherchèrent d'abord le succès en dehors de la découverte de Leblanc, citons Alban, directeur de la manufacture de Javelle. La manufacture de Javelle fournissait aux blanchisseries de grandes quantités d'acide chlorhydrique. Le résidu de cette fabrication était du sulfate de soude. Pour extraire la soude de ce sulfate, Alban le faisait chauffer dans un four à réverbère avec du fer et du charbon. Ce moyen avait été proposé par Malherbe, ancien bénédictin, dès 1777.

Parmi ceux qui exploitèrent le procédé de Leblanc, le premier en date fut J.-B.-P. Payen. Il venait de perdre la charge, récemment acquise, de substitut de procureur du roi à Paris, quand il prit la résolution de se consacrer aux industries chimiques, qui naissaient alors et offraient un vaste champ aux intelligences sans emploi. Il établit en 1794 une usine dans la plaine de Grenelle, alors déserte [4]. Il était déjà parvenu à y fabriquer économiquement le sel ammoniac, qu'on tirait autrefois d'Égypte, et obtenait également comme résidu de cette fabrication le sulfate de soude ; c'est même le sulfate de soude de l'usine Payen que la commission employa dans les expériences auxquelles elle se livra sur le procédé Alban dans l'usine de Javelle. Payen ne fit pas comme Alban, il adopta le procédé Leblanc, sans y changer autre chose que la dimension des appareils, qu'il agrandit de manière à porter la production journalière de chaque four de 672 à 4,340 kilogrammes. Le procédé Leblanc fut successivement exploité ensuite dans les usines d'Alban à Javelle, de Gautier-Barrera, Anfry et Darcet, puis dans les soudières mieux situées de Marseille, de Chauny, de Rouen. Il fut bientôt évident que le danger était conjuré : les armées de terre et de mer de l'Europe ne pouvaient empêcher l'Océan et la Méditerranée d'apporter sur nos côtes l'eau salée ; nous ne pouvions jamais manquer de sel marin, par conséquent jamais manquer de soude. Peu d'années après, nous en produisions assez, non-seulement pour n'avoir rien à demander à l'importation, mais encore pour lui interdire rigoureusement notre marché, d'après les idées protectionistes du temps. Le *Journal des Débats*, qui était à cette époque le journal de l'empire, publiait le 20 juillet 1810 ce laconique décret, qui permet de mesurer l'espace parcouru en quinze années par l'industrie naissante : « L'entrée de la soude étrangère et des savons étrangers est prohibée par toutes les frontières de terre et de mer de l'empire français, » C'était là, pour les nations qui alimentaient autrefois notre pays de soude, un résultat inattendu de l'interdit dont elles nous avaient frappés. Il ne leur fut même pas donné de pouvoir installer immédiatement chez elles une fabrication qui nous avait affranchis de leur onéreux concours. L'état de guerre, en supprimant presque entièrement les relations internationales, empêcha que le procédé de Leblanc ne fût d'abord connu au-delà de la frontière. L'Angleterre, que son organisation industrielle mettait particulièrement à même de l'exploiter avec avantage, et qui en retire aujourd'hui de grands profits, ne le connaissait pas encore ; l'impôt énorme que la situation du budget anglais avait fait établir sur le sel (trente fois la valeur de cette denrée) s'opposait d'ailleurs à ce que la fabrication de la soude se développât dans la Grande-Bretagne. Ce n'est qu'en 1823, année où l'impôt sur le sel marin fut supprimé, que M. James Muspratt fonda une usine de soude à Liverpool. Il adopta complètement les procédés et appareils de Leblanc. Cette usine est encore l'une des plus grandes fabriques de produits chimiques qui existent en Angleterre et probablement dans le monde entier.

II

Il nous reste à exposer sommairement l'ensemble des réactions sur lesquelles repose le procédé de Leblanc. Nous aurons en même temps l'occasion de montrer les difficultés que les manufacturiers ont eu à vaincre, les produits chimiques dont les soudières ont déterminé ou favorisé la fabrication en grand et les étroites relations qui existent entre cette industrie et toutes les autres industries chimiques. Lorsque l'on attaque le sel marin par l'acide sulfurique, il se dégage un gaz acide, et il reste du sulfate de soude. Du temps de Leblanc, cette réaction était connue et utilisée, par exemple à Javelle, pour la production de l'acide muriatique ; mais on ignorait la composition de cet acide qui se forme et s'échappe à l'état de gaz pendant l'action de l'acide sulfurique : on le nommait, faute de mieux, acide muriatique, et le sel marin était considéré comme une combinaison de cet acide muriatique et de la soude. On supposait donc que l'acide sulfurique, déplaçant simplement l'acide muriatique, se combinait ensuite avec la base alcaline : c'était

Anselme Payen

une erreur. On sait aujourd'hui que le sel marin est du chlorure de sodium, c'est-à-dire qu'il se compose uniquement de sodium et de chlore, et que l'acide muriatique est composé d'hydrogène et de chlore. La réaction de l'acide sulfurique sur le sel marin n'aurait donc pas lieu, ce que ne soupçonnaient ni Leblanc ni aucun des chimistes de son époque, sans l'intervention de l'eau. Cette eau, en se décomposant, fournit de l'oxygène au sodium et de l'hydrogène au chlore du sel marin, donnant ainsi de la soude qui se combine à l'acide sulfurique et un gaz qui se dégage, — l'acide muriatique, ou, pour employer l'expression plus exacte de la nouvelle nomenclature, l'acide chlorhydrique. Sans eau, pas de réaction ; heureusement il y a toujours de l'eau dans l'acide sulfurique que l'on emploie, et cette erreur théorique, conséquence inévitable des idées qui régnaient à l'époque de Leblanc, fut sans influence sur le résultat de la réaction. Nous voici donc en présence du sulfate de soude, et nous avons à lui retirer l'acide sulfurique pour obtenir la soude : c'est ici que se place l'invention de Leblanc. La plupart des chimistes qui proposèrent des solutions de cette question difficile chauffaient ce sulfate de soude avec des corps divers : Leblanc eut le mérite de mettre la main sur ceux qui donnaient les meilleurs résultats ; nous voulons parler de la craie ou carbonate de chaux et du charbon. Le charbon agit ici comme agent réducteur, c'est-à-dire qu'il décompose les autres corps pour leur prendre une grande partie de leur oxygène, et forme de l'acide carbonique ou de l'oxyde de carbone gazeux. Il reste en définitive du carbonate de soude et du sulfure de calcium. Ce qu'il y a de singulier, c'est que Leblanc, pas plus qu'aucun des chimistes de son temps, ne connaissait la théorie exacte de ces réactions. Ce n'est que dans ces dernières années, et après une ingénieuse hypothèse de Thénard, mais surtout par les travaux plus récents de MM. Dubrunfaut, Pelouze, Scheurer-Kestner, Kolb, qu'on a pu la donner d'une manière à peu près complète. Malgré cela, l'instinct de l'inventeur était si sûr, les premières expérimentations furent conduites avec tant de sagacité, que les doses furent établies par Leblanc et Dizé d'une manière irréprochable, que toutes les conditions de succès furent fixées, que soixante ans d'expérience et les progrès de la théorie n'ont rien changé à l'opération manufacturière que Leblanc avait indiquée. Il avait même introduit dans les fours un excès de craie et un excès de charbon dont aucune des théories chimiques d'alors ne pouvait rendre compte. L'excès de charbon a été expliqué : une partie était brûlée dans le four sans être utilisée dans la réaction ; mais l'excès de craie a exercé de toutes les façons la sagacité des chimistes. On avait fini par admettre qu'il donnait un équivalent de chaux libre, que cet équivalent de chaux libre se combinait au sulfure de calcium et formait un hypothétique oxysulfure de calcium insoluble. On ajoutait que cette insolubilité était précieuse pour séparer parle lessivage le carbonate de soude, résultat de l'opération, de cet oxysulfure de calcium, qui en était le résidu. Cette théorie était enseignée dans tous les cours de chimie, exposée dans tous les ouvrages classiques, lorsqu'on s'aperçut que le sulfure de calcium était suffisamment insoluble pour permettre de séparer les deux corps, et qu'il n'était nul besoin, pour expliquer l'insolubilité du résidu, de recourir à la présence de l'oxysulfure. On constata ensuite que cet oxysulfure ne peut se former à la température rouge (de 950 à 1000 degrés centigrades) du four à réverbère. Il fallait cependant trouver une explication pour le troisième équivalent de craie. On a reconnu aujourd'hui que cet excès compense une réduction trop forte de la craie à l'état de chaux, et que cette chaux intervient pour augmenter dans la soude brute la proportion de soude libre pu soude caustique, ce qui présente certains avantages. Cette théorie nouvelle a rendu compte de plusieurs phénomènes, depuis longtemps signalés par MM. Pelouze, Scheurer-Kestner et jusqu'ici inexpliqués, qui se produisaient pendant le lessivage ; elle a donné des indications précieuses sur la nécessité d'éviter un contact trop prolongé des lessives avec le marc de soude, sur l'espèce de grillage que peuvent subir les sulfures, soit dans le four, soit pendant l'exposition à l'air humide.

Reprenons un peu le cours de ces opérations : décomposition du sel marin par l'acide sulfurique, décomposition du sulfate de soude par le charbon et la craie dans le four à réverbère, lessivage de soude brute formée sur la sole du four. Dès la première opération, nous voyons intervenir un corps des plus importants dont l'industrie nouvelle a déterminé la production en grand, l'acide sulfurique. En peu d'années, un procédé des plus remarquables fut trouvé pour fabriquer l'acide sulfurique, et cette grande industrie, marchant parallèlement avec celle de la soude, dont elle était issue,

Anselme Payen

a véritablement bouleversé toutes les industries chimiques. C'est à l'aide de l'acide sulfurique en effet, le plus puissant des acides usuels dans des circonstances données, que l'on parvient, soit directement, soit indirectement, à extraire de différents sels la plupart des acides employés dans les laboratoires et dans les arts. C'est grâce à lui que l'on obtient économiquement l'acide chlorhydrique, qui a rendu de si grands services aux papeteries, aux blanchisseries, aux usines d'impression des tissus, qui sert à. la préparation de la gélatine, du sel ammoniac, du chlore enfin, et des hypochlorites désinfectants et décolorants ; l'acide carbonique, utilisé industriellement dans la préparation des eaux gazeuses, l'extraction du sucre de betteraves, la fabrication des bicarbonates alcalins ; l'acide azotique, le plus puissant agent d'oxydation, qui dissout tous les métaux, même l'or [5] et le platine, quand il est uni à l'acide chlorhydrique, et à ce titre est indispensable dans toutes les industries qui s'exercent sur ces métaux et leurs alliages ; les acides tartrique, citrique, acétique. L'acide sulfurique lui-même a permis de transformer en engrais puissants les phosphates fossiles, d'obtenir économiquement les sulfates d'alumine, de potasse, de magnésie, d'ammoniaque, de cuivre, de fer, de quinine, qui ont tous des applications importantes et variées dans l'industrie, l'agriculture, la médecine, l'économie domestique. La production des courants électriques, la galvanoplastie, les dorures et argentures électro-chimiques, l'affinage de l'or et de l'argent, les recherches médico-légales, la fabrication des bougies stéariques, l'épuration des huiles de colza et des hydrocarbures, la dissolution de l'indigo, la préparation de la garancine, voilà, entre autres, des branches d'industrie qui ne peuvent se passer de l'acide sulfurique, qui ont été vivifiées par les progrès de la fabrication en grand de cet acide, fabrication dont nous pouvons nous regarder comme redevables aux premières soudières. C'est un remarquable exemple de la solidarité qui existe entre les découvertes et de la loi qui les fait, pour ainsi dire, sortir les unes des autres.

La fabrication de l'acide sulfurique a une telle importance qu'on a pu dire avec vérité : « La prospérité industrielle d'un pays est en raison directe de la consommation d'acide sulfurique que fait ce pays. » Cette fabrication a subi des vicissitudes nombreuses, dont l'industrie soudière a particulièrement ressenti les contre-coups.

En voici une curieuse, et qui mérite d'être signalée dans l'histoire si accidentée des arts chimiques. Le procédé le plus ordinaire de préparation de l'acide sulfurique consiste à oxyder l'acide sulfureux au moyen de vapeurs nitreuses en présence de l'eau et de l'oxygène de l'air. L'acide sulfureux s'obtient alors par la combustion du soufre qu'on brûle dans un courant d'air, en tête des chambres de plomb où s'opère la réaction principale. On retira longtemps le soufre de Sicile. En 1838, une compagnie commerciale se fit concéder par le roi de Naples le monopole du soufre malgré les réclamations de la France et de l'Angleterre. Elle avait promis à ce prince de beaucoup augmenter les revenus de la couronne ; maîtresse du marché, elle haussa le prix du soufre. Grande émotion en Angleterre et en France. Pendant que les ambassadeurs de ces deux pays parlementaient à Naples, nos industriels songèrent à reprendre un procédé indiqué par Dartigues pendant la révolution et qui nous avait déjà fourni le soufre de nos poudres de guerre sous la république et l'empire : il consistait soit à distiller, soit à griller la pyrite martiale (bisulfure de fer). Ce procédé donnait le soufre à un prix un peu plus élevé que celui du soufre de Sicile ; il avait été abandonné dès le rétablissement de nos relations commerciales avec le sud de l'Italie. On s'empressa d'y revenir au moment de cette hausse inattendue. La production du soufre indigène, non moins que l'intervention diplomatique des gouvernements, réduisit le prix du soufre de Sicile ; mais la nouvelle industrie française subsista et donna lieu à un incident qui parut d'abord bizarre. On signala un jour des cas d'empoisonnements occasionnés par un certain vinaigre ; l'appareil de Marsh révéla que le vinaigre suspect contenait de l'arsenic. Le conseil d'hygiène, remontant de détaillant en détaillant au fabricant de vinaigre, trouve chez lui du vinaigre irréprochable, mais qui était un peu faible, et auquel on ajoutait, dans l'usine même, quelques centièmes d'acide acétique avant l'expédition au dehors. Cet acide acétique contenait de l'arsenic. On remonte au fabricant d'acide acétique, qui habitait les environs de Dijon. Celui-ci traitait par l'acide sulfurique l'acétate de soude, produit définitif des manipulations successives auxquelles sont soumis les produits pyroligneux dans la carbonisation du bois en vases clos. Il achetait cet acide sulfurique à une usine qui utilisait le soufre indigène des pyrites martiales ; de là tout le mal.

Anselme Payen

Ces pyrites sont presque toujours arsenicales ; l'acide arsénieux, produit en même temps que l'acide sulfureux, se rendait avec lui dans les chambres de plomb, se dissolvait dans l'acide sulfurique et lui restait uni. Il fallut renoncer à employer l'acide sulfurique provenant du soufre indigène dans la préparation de tout composé alimentaire, acide acétique, tartrique, eau de seltz, sirops de glucose, etc. Il restait cependant assez d'applications possibles pour que l'exploitation des pyrites martiales présentât des avantages, vu les prix auxquels se maintenaient les soufres de Sicile. Les neuf dixièmes du soufre consommé en France, soit à l'état de soufre, soit à l'état d'acide sulfurique, peuvent aujourd'hui sans inconvénient être obtenus par le traitement des pyrites. Cette industrie, devint même florissante lorsqu'en 1850 une terrible épidémie végétale vint désoler une partie de l'Europe, la maladie de la vigne. On constata que le soufre combattait efficacement le développement des végétations cryptogamiques qui causaient cette maladie. Un débouché considérable s'ouvrit au soufre sublimé ou réduit en poudre, indigène ou étranger. Il est facile de distinguer à première vue le soufre sublimé du soufre réduit en poudre. L'un est de la fleur de soufre et se prend en masse, comme de la neige, quand on le serre dans la paume de la main ; l'autre est simplement du soufre pulvérisé et reste pulvérulent sous la pression des doigts. Revenons à la soude.

La première opération du traitement du sel marin exigeait d'un côté d'immenses quantités d'acide sulfurique, elle produisait de l'autre de véritables torrents d'acide chlorhydrique gazeux. Ce fut là un embarras grave. On condensait cet acide chlorhydrique, autant qu'on pouvait, dans une série de vases remplis d'eau, au travers desquels on forçait le courant gazeux à passer : on obtenait ainsi, il est vrai, des dissolutions acides qui avaient une valeur commerciale ; mais on ne tarda pas à produire beaucoup plus d'acide en solution que le commerce n'en réclamait, et on ne trouva plus le placement de ces encombrants produits accessoires. Une autre difficulté imprévue se présenta : on ne parvenait pas à dissoudre tout l'acide chlorhydrique formé, et le courant gazeux que l'on laissait enfin échapper dans l'atmosphère était encore chargé de vapeurs acides corrosives. Ces vapeurs attaquaient les ferrures des bâtiments, se condensaient dans les stomates des feuilles, qui se desséchaient et tombaient aussitôt. Les mêmes vapeurs, répandues au milieu de l'air atmosphérique, exerçaient une pernicieuse influence sur la santé des populations environnantes. Ce n'étaient pas seulement les abords immédiats de l'usine qui ressentaient les fâcheux effets de ces émanations, les vents les portaient à de grandes distances. Péclet a pu reconnaître, à plus de 20 kilomètres de certaines usines à soude, des signes non équivoques de la présence dans l'air de gaz chlorhydrique exhalé de ces usines dans l'atmosphère. Si les habitants de la contrée où fonctionnaient les fabriques de soude étaient justement alarmés d'un pareil état de choses, le propriétaire de l'usine n'avait pas lieu d'être plus rassuré de son côté, car les inconvénients qu'il imposait à ses voisins et dont il était responsable pouvaient se chiffrer en argent ; la menace d'avoir à payer des dommages écrasants était suspendue sur sa tête, et la découverte d'un moyen de condenser ou recueillir tout l'acide chlorhydrique devenait pour les soudières une question de vie ou de mort. Toutes ces difficultés ont été surmontées, et, comme il arrive souvent dans l'histoire des industries chimiques, chacune d'elles est devenue au contraire l'origine d'un progrès nouveau, d'un perfectionnement lucratif. L'acide chlorhydrique, que l'on parvenait à condenser, n'avait pas de débouchés suffisants : il fallait trouver des applications nouvelles de cet acide, en multiplier l'emploi dans les arts industriels. Ce problème fut résolu et donna lieu à plusieurs perfectionnements intéressants d'industries diverses. Nous ne pourrions en donner le détail sans sortir de notre sujet ; on a pu voir plus haut combien les applications de ce corps chimique sont variées : un grand nombre ont été trouvées sous l'empire de cette nécessité si pressante de condenser l'acide chlorhydrique ou de lui trouver des débouchés. Restait la seconde difficulté, épurer l'air de toute émanation acide ; celle-là était plus grave, et, après avoir donné lieu aux expériences les plus curieuses, n'a été que depuis peu complètement résolue. Les usines qui étaient assez heureuses pour avoir auprès d'elles de vieilles carrières abandonnées songèrent d'abord à enfouir dans ces vastes profondeurs crayeuses les vapeurs incommodes. Le remède était tout local, de plus il était mauvais. Le carbonate de chaux, dont étaient formées les parois de ces carrières, était attaqué par l'acide chlorhydrique et transformé en chlorure de calcium

Anselme Payen

soluble qui tombait en déliquescence à l'humidité. Il en résulta des effondrements, des mouvements à la surface du sol, les habitations supérieures se trouvèrent compromises : il fallut chercher un autre moyen. M. Rougier, de Septèmes près de Marseille, remplaça les carrières par des conduites cimentées avec des marcs de soude épuisés. Une large cheminée qui n'était pas attaquée par l'acide chlorhydrique fut remplie de fragments de carbonate calcaire, que l'on renouvelait à mesure qu'ils étaient dissous ; il se produisait ainsi du chlorure de calcium, que l'on faisait écouler dans la mer. Pour cette invention, qui assainit toute une localité, M. Rougier obtint de l'Académie des Sciences un des prix de la fondation Monthyon. Le procédé généralement adopté en France aujourd'hui consiste en ceci : on fait passer les gaz dans une série de plusieurs centaines de bouteilles de grès, d'une contenance de 200 litres chacune. Ces bouteilles communiquent toutes entre elles par des tubes bien lutés, un courant d'eau les traverse en sens inverse du courant gazeux, de sorte que les gaz les moins chargés d'acide chlorhydrique se trouvent en contact avec de l'eau presque pure, qui dissout jusqu'aux dernières traces d'acide. C'est ce qu'on nomme une condensation *méthodique*. La dissolution acide que l'on recueille contient de 40 à 42 pour 100 de son poids d'acide pur, et marque environ 21 degrés à l'aéromètre Beaumé. En Angleterre [6], on a surtout adopté des dispositions imaginées par un savant manufacturier français, Clément-Désormes, et désignés par lui, dans son brevet d'invention, sous le nom de cascade absorbante. Nous avons eu occasion nous-même de voir, en 1862, les résultats des expériences en grand entreprises par nos voisins pour constater l'efficacité de ce procédé. Ces expériences ont déterminé l'installation définitive, dans presque toutes les usines de la Grande-Bretagne, de ces cascades absorbantes. Qu'on imagine une haute et large tour bâtie en pierres siliceuses ; l'intérieur de cette tour est rempli de coke ou mieux encore de fragments de roches siliceuses ou de briques espacées ; les gaz sont introduits au bas de la tour, et avant de s'échapper au sommet ont à passer à travers les interstices de ces durs matériaux. Il leur faut donc suivre comme une série de petits canaux étroits, enchevêtrés, Hérissés d'aspérités, fourmillant de coudes, dans lesquels circule, en sens inverse des gaz, de l'eau qui tombe continuellement en pluie une au sommet de la tour et descend, à travers tous les intervalles, jusqu'à la base de celle-ci. Cette disposition est des plus favorables pour retarder la vitesse des gaz et multiplier les surfaces de contact entre le gaz ascendant et l'eau qui doit dissoudre l'acide chlorhydrique. Au bas de la tour, on recueille une dissolution d'acide chlorhydrique ; à la partie supérieure s'échappent librement les gaz qui n'ont pas été condensés, et qui, ne contenant plus d'acide, sont inoffensifs. Une commission spéciale d'experts, dont M. Hofmann, membre de l'Académie royale des Sciences de Londres, était le rapporteur, a constaté que ces gaz, dans les expériences auxquelles la commission se livra, n'exercèrent aucune action sur l'azotate d'argent et sur la teinture bleue de tournesol ; ils ne contenaient donc pas même des traces d'acide chlorhydrique, car les plus petites quantités auraient été immédiatement révélées par ces deux réactifs si délicats. Il ne faudrait pas espérer que la pratique industrielle donne constamment un résultat aussi parfait que celui qu'a observé la commission. Dans une exploitation industrielle, les choses ne se passent pas toujours comme dans une expérience soigneusement préparée ; cette dernière peut du moins montrer que le procédé a une réelle valeur, et elle doit faire espérer que, même en tenant compte des fuites qui peuvent se produire dans la maçonnerie, des tassements dans la colonne de coke, de quelques négligences inévitables dans un travail continu de jour et de nuit, ce procédé fera disparaître les principales causes de plaintes, et restreindra les inconvénients au voisinage immédiat de l'usine.

Nous n'avons pas grand'chose à dire de l'opération par laquelle le sulfate de soude est transformé en carbonate de soude en présence du charbon et de la chaux. Nous en avons indiqué la théorie ; cette transformation s'effectue à la température rouge, dans un four à réverbère, c'est-à-dire dans un four recouvert d'une voûte. Cette voûte renvoie sur la masse à traiter, qu'on étale sur la sole du four, la chaleur d'un foyer placé en avant. La flamme rampe le long des parois supérieures du four en se rendant à la cheminée. Des ouvriers brassent la matière pendant l'opération, pour faciliter la réaction en assurant le mélange intime des divers corps. Nous supposerons cette opération terminée, le lavage du résidu fait, les lessives évaporées, et le carbonate de soude, qui est le produit définitif, obtenu. Il semble que les fabricants soient au bout de leurs peines ; il n'en est rien : ils ont eu encore bien des préjugés à combattre, bien des occasions, qu'ils ne cherchaient pas, d'exercer leur esprit inventif.

Les soudes brutes artificielles différaient entièrement par l'aspect des carbonates de soude naturels auxquels l'industrie était accoutumée. Aussi le produit nouveau fut-il accueilli avec une extrême défiance. La routine consent difficilement à changer ses habitudes, et toute nouveauté lui semble *à priori* suspecte. C'est de la même façon qu'un autre produit d'une de nos belles industries nationales issues du malheur des blocus pendant la république et l'empire, le sucre de betterave, fut longtemps regardé comme possédant des propriétés saccharines beaucoup plus faibles que le sucre des colonies, auquel il est devenu en réalité identique par l'épuration complète. Il en fut de même pour le carbonate de soude artificiel. Toute une corporation d'acheteurs de soude, les blanchisseurs, refusa de s'en servir. On l'accusa de brûler le linge, de donner des lessives trop fortes ; peut-être ne serait-il pas impossible de trouver encore aujourd'hui des blanchisseries où cette doctrine est regardée comme indiscutable. Qu'y a-t-il pourtant de fondé dans ces reproches ? Nous pouvons le dire avec précision, car ils ont fourni l'occasion de la découverte d'une science nouvelle, la science des essais manufacturiers, avec le concours de laquelle nous pouvons les discuter complètement. Vauquelin montra d'abord que, artificielles ou naturelles, les soudes brutes ou raffinées sont très différentes les unes des autres au point de vue de la proportion de principes utiles, c'est-à-dire de soude et de carbonate de soude, qu'elles renferment. Les soudes brutes contiennent, outre des sels neutres solubles, du carbonate de chaux, des parcelles de charbon, quelques corps étrangers accidentels. Dans le blanchiment, la fabrication des savons, la soude et le carbonate de soude importaient seuls ; dans les verreries, les autres corps n'étaient pas absolument nuisibles à la fabrication des verres communs à bouteilles, mais ils étaient sans valeur, et constituaient même un excédant fâcheux de poids. Vauquelin proposa un premier moyen pour reconnaître la *teneur en alcali* d'un poids donné de soude : c'était de le dissoudre et de neutraliser la dissolution au moyen d'un acide, en ayant soin de déterminer le poids de l'acide employé. Ce procédé était assez expéditif ; il exigeait cependant deux pesées et quelques opérations délicates qu'un opérateur exercé pouvait seul accomplir avec exactitude. Un manufacturier-chimiste de Rouen, Descroizilles, a rendu à l'industrie le très grand service d'indiquer une méthode volumétrique beaucoup plus simple, dont on peut faire usage dans le moindre atelier, et qui a rendu générale, même chez beaucoup de petits commerçants et industriels, l'habitude de se rendre toujours compte, au moment de l'achat, de la valeur alcaline des produits achetés, c'est-à-dire de la quantité exacte de potasse et de soude qu'ils contenaient. Dès lors les applications des soudes brutes et raffinées se multiplièrent, et les relations entre les producteurs, les négociants et les consommateurs, reposant sur des bases certaines, devinrent régulières et loyales. Les cours s'établirent avec facilité, on ne considéra que la quantité de matière utile, sans tenir compte des matières inertes. Enfin les industriels qui employaient la potasse et la soude ne payèrent pas seulement leurs alcalis à un prix plus logique, ils purent les utiliser mieux et subordonner avec précision la force alcaline de leurs réactifs à l'effet qu'il s'agissait d'atteindre. Là ne se bornèrent pas les services de la *méthode alcalimétrique. Descroizilles l'appliqua lui-même aux essais des vinaigres et des autres acides usuels, à la détermination de la force décolorante du chlore, à l'essai des propriétés tinctoriales de l'indigo, C'est en effet une nouvelle méthode générale d'analyse, dont le principe essentiel, la partie originale, est de substituer la mesure des volumes de solutions homogènes titrées d'avance à des pesées toujours délicates et difficiles. Cette méthode, perfectionnée depuis par Gay-Lussac et par plusieurs chimistes contemporains, a été l'origine et forme la base de tous les procédés volumétriques et des essais manufacturiers.*

A l'aide d'un moyen d'investigation de pratique si facile et recommandé par des résultats si rigoureux, on put voir ce qu'il y avait de fondé et ce qu'il y avait d'injuste dans les plaintes dont la soude artificielle était l'objet. Il fut reconnu que, si on pouvait reprocher à la soude artificielle une action souvent trop énergique, c'est qu'elle était en réalité plus riche que la soude naturelle, et qu'à un même poids correspondait, dans le nouveau produit, une valeur alcaline plus considérable. Il fut alors très aisé de mieux diriger l'emploi du nouvel agent et d'en établir le dosage avec une entière certitude. On apprit également à tenir compte d'une autre cause d'erreur, la *causticité* des dissolutions. Naturelles ou artificielles, les soudes et potasses brutes sont des carbonates de potasse ou de soude. Soit pendant la préparation, soit dans l'exposition à l'air libre, la potasse ou la soude se combinent en effet avec l'acide carbonique de l'air, dont elles sont très avides, et forment avec lui un sel, moins énergique dans son action alcaline que la potasse ou la soude pure ou caustique. Les excellentes soudes naturelles de Ténériffe et d'Alicante avaient tout le temps, pendant la traversée, de se combiner avec l'acide carbonique de l'air, et, au moment où elles étaient livrées au commerce français, se trouvaient dénuées de toute causticité. Les soudes indigènes contenaient, à la sortie de l'usine, un mélange de carbonate de soude et de soude caustique, et il pouvait se faire qu'on les employât avant que cette causticité n'eût disparu. C'était tantôt un avantage qu'il était facile de s'assurer, tantôt un inconvénient qu'il était non moins aisé de faire disparaître par une exposition du produit brut à l'air atmosphérique.

Il semblerait, que des résultats si précis, des constatations si simples eussent dû culbuter la routine jusque dans ses derniers retranchements ; il n'en fut pas ainsi, et le subterfuge, innocent du reste et fort ingénieux, au moyen duquel, ne pouvant la convaincre, on lui donna le change, est assez curieux. Parmi tous les alcalis exotiques qui étaient en possession de la confiance exclusive de certains consommateurs, il y en avait un, la potasse rouge d'Amérique, qui jouissait d'une faveur tout exceptionnelle. Les données scientifiques avaient peu de prise sur ces préjugés robustes, et les produits très supérieurs et plus économiques de l'industrie indigène n'étaient achetés qu'avec la plus grande répugnance, parce qu'ils forçaient à modifier les antiques recettes traditionnelles. Tout à coup on annonça quelques arrivages de ces produits tant désirés ; la provenance en paraissait bien établie, l'identité avec la potasse rouge d'Amérique incontestable ! C'était bien là le bois si connu des barils qui la portaient, les douves fortement cerclées ; c'étaient bien, une fois le baril ouvert, les mêmes gros fragments anguleux, compactes et rougeâtres, trahissant l'origine du produit par la saveur caustique particulière qu'un très léger contact laissait au bout de la langue. Ces prétendues potasses d'Amérique, immédiatement achetées avec hausse et utilisées dans les usines, se comportèrent en effet, dans tous les usages auxquels on les employa, comme de la potasse rouge d'Amérique d'excellente qualité. A partir de ce moment, les arrivages se succédèrent régulièrement, toujours accueillis de même ; pas une plainte ne se manifesta. Ces potasses d'Amérique n'étaient cependant pas des potasses, et n'étaient pas davantage américaines ; elles étaient fabriquées près de Paris, dans une usine de Vaugirard, avec de la soude artificielle française, marquant 75 degrés à l'aréomètre Beaumé. On avait commencé par affaiblir cette soude de 75 à 55 ou 60 degrés, pour la ramener au degré alcalimétrique de la potasse rouge d'Amérique, en la mélangeant avec un sel neutre inerte, du sel marin. La couleur était due à l'addition d'un sulfate de cuivre, qui avait produit un précipité rouge de protoxyde de cuivre ; on avait obtenu l'aspect anguleux des fragments en fondant la matière et en la cassant après l'avoir laissé refroidir dans des marmites de fonte. Voilà comment la conciliation s'était faite. Le produit avait du reste la même force alcalimétrique et présentait les mêmes qualités que les potasses rouges d'Amérique les plus estimées. Seulement les consommateurs entêtés qui avaient forcé un manufacturier à déployer tant d'imagination pour leur vendre de la soude française au lieu de potasse américaine payaient avec bonheur de 120 à 140 francs un produit qui, d'après sa teneur alcaline, valait alors de 75 à 80 francs, et dont cette série de manipulations élevait bien inutilement le prix.

III

Dans l'exposé rapide que nous avons présenté des premiers progrès de la chimie manufacturière, on a du remarquer que les deux industries principales de la soude artificielle et de l'acide sulfurique, associées dès l'origine, ont toujours marché de conserve, appuyées l'une sur l'autre. Rien ne faisait prévoir qu'elles dussent jamais s'affranchir de cette mutuelle dépendance, lorsqu'une nouvelle industrie chimique, commençant à se développer sur les rivages français de la Méditerranée, fît pressentir que les relations des deux industries fondamentales allaient subir des modifications profondes. Il s'agissait en effet d'extraire directement le sulfate de soude des résidus liquides des salines, rejetés de tout temps à la mer. On voulait aussi retirer de ces résidus certains composés riches en potassium qui nous auraient dispensés de demander à l'étranger,

Anselme Payen

comme on l'avait fait jusque-là, presque toutes les potasses que nous consommions.

Tout le monde connaît l'industrie des salines : l'eau de la mer est amenée, pendant la belle saison, dans des bassins de moins en moins profonds ; elle s'y éclaircit et s'y concentre spontanément par l'évaporation. Il arrive un moment où elle est *saturée*, c'est-à-dire où elle contient la quantité maximum de sel qu'elle peut garder en dissolution à cette température. L'évaporation continuant, le sel cesse d'être tenu en dissolution et se dépose au fond du bassin sous la forme de petits cristaux cubiques [z]. A mesure que le sel se dépose, les matières étrangères que contient l'eau de mer se concentrent de plus en plus dans le liquide non évaporé : ce sont des sels de magnésie, de soude, de potasse et de chaux. Voici, d'après les analyses de M. Usiglio, la proportion de sels que contient un litre d'eau de la Méditerranée, puisée loin des côtes et de toute cause perturbatrice.

Sel marin (chlorure de sodium)	30gr.182
Chlorure de magnésium	3,302
Sulfate de magnésie	2,541
Sulfate de chaux	1,392
Bromure de sodium	0,570
Chlorure de potassium	0,518
Carbonate de chaux	0,117
Oxyde de fer	0,030

Ainsi sur 38 grammes 1/2, en nombre rond, de substances solides tenues en dissolution, l'eau de la mer contient 30 grammes de sel marin et 8 grammes 1/2 de corps divers, c'est-à-dire que le sel marin n'entre que pour les 4/5 dans la proportion des composés salins dissous dans les eaux de la Méditerranée ou de l'Océan [8]. Après que le sel marin était complètement déposé, le liquide qui restait n'était donc pas un résidu sans valeur, et, à mesure que les découvertes, se succédèrent, on vit de plus en plus quels services on en pouvait tirer. Naturellement les découvertes ne se produisirent que lentement : on ne débuta pas par connaître la composition

La soude artificielle

exacte de l'eau de mer telle que nous l'avons donnée plus haut ; c'est là au contraire le fruit de longues années de recherches patientes. Au moment où les premières recherches furent entreprises, on ne connaissait même pas en chimie l'existence de l'iode et du brome. C'est précisément aux travaux sur les eaux-mères des marais salants et sur les sels extraits des plantes marines que l'on doit la découverte de ces deux corps. On procéda d'abord à tâtons. C'est au chimiste manufacturier Courtois qu'est due la découverte de l'iode, corps simple qui se range chimiquement dans la famille du chlore. Il le retira des eaux-mères des sels de varechs, dans un établissement où il lessivait les cendres de ces végétaux pour en extraire les sels neutres de soude et de potasse. Gay-Lussac étudia les propriétés du nouveau corps et en donna une histoire complète. C'est à M. Balard que revient l'honneur d'avoir trouvé un troisième corps simple de la même famille, le brome, encore inconnu jusque-là. Il le retira des eaux-mères des marais salants et en fit une étude approfondie. L'iode et le brome ont joué un rôle important dans les progrès de la photographie. L'extraction de ces deux métalloïdes et des sels alcalins obtenus par l'incinération des algues marines s'effectue depuis avec un grand succès sur nos côtes de Normandie et de Bretagne. Un des premiers établissements de ce genre, fondé près de Cherbourg par M. Cournerie, est devenu une importante usine, qui est en pleine voie de prospérité sous la direction de M. Cournerie fils, ingénieur de l'École centrale. Un habile chimiste, M. Moride, a même récemment proposé d'améliorer les conditions d'extraction de l'iode et supprimé toute cause de perte par volatilisation en carbonisant les algues au lieu de les incinérer. Des établissements de même ordre et non moins florissants se sont également formés sur les côtes d'Angleterre. Ce n'est pas là cependant qu'il faut chercher la plus importante application des sciences chimiques à l'industrie au point de vue de la production de la soude : M. Balard a installé dans les marais salants des bords de la Méditerranée une exploitation remarquable, qui a pour but principal l'extraction du sulfate de soude et des sels de potasse. La première de ces opérations est fondée sur un fait observé d'abord par Green et vérifié par Berthier : la double décomposition qui s'opère entre le sulfate de magnésie et le sel marin sous l'influence d'une température inférieure à 0 degré ; les deux sels, mis en présence

Anselme Payen

dans ces conditions, échangent, pour ainsi dire, les éléments qui les constituent et donnent du sulfate de soude et du chlorure de magnésium. Partant de cette donnée, M. Balard réussit à extraire des marais salanst le sulfate de soude ; il adopta des dispositions si ingénieuses, il utilisa si heureusement les lois théoriques de la solubilité des sels, qu'il parvint à fabriquer annuellement sur un hectare de marais salants 1,125,000 kilogrammes de sulfate de soude cristallisé et 200,000 kilogrammes de chlorure de potassium en traitant ces eaux-mères jusque-là dédaignées et rejetées à la mer.

Cette belle industrie mérita au savant qui l'avait fondée les honneurs de la grande médaille à l'exposition internationale de Londres en 1862. Elle présentait une lacune cependant : la réaction chimique sur laquelle elle était tout entière basée exigeait une température inférieure à 0 degré pour pouvoir se produire. L'exploitation des marais salants était donc livrée au caprice des saisons, et par la force même des choses condamnée à de longs chômages. Il était évident que ce n'était pas là une difficulté insoluble : on sait en effet [2] que la chaleur n'est qu'une modification de la force, et que* partout où on peut faire fonctionner une machine, on a sous la main une source de chaleur, et par suite, au moyen de transformations qui ne sont plus un embarras pour la mécanique moderne, une source de froid. Au moment même où l'on se préoccupait de refroidir les marais salants, on savait que les Anglais avaient installé dans l'Inde de puissantes machines à vapeur de plus de cent chevaux de force destinées à fabriquer industriellement d'immenses blocs de glace. Il n'y avait donc pas lieu d'être inquiet sur le résultat final. La science était saisie de la question, elle ne devait pas tarder à la résoudre complètement. Dans les galeries de cette même exposition de Londres fonctionnait déjà en effet une machine qui offrait une solution inattendue, économique et élégante de ce problème : production de la glace par la combustion du charbon ; nous voulons parler de l'appareil de M. Carré. Immédiatement construit dans de grandes proportions et employé dans les salines du midi de la France, cet appareil y permet depuis ce moment d'abaisser la température jusqu'au degré nécessaire pour déterminer la production du sulfate de soude. Il a permis aussi de décupler la fabrication de ce corps sans dégagement d'aucun gaz ; il a développé dans la même proportion la production de l'autre base alcaline, la potasse.

L'industrie nouvelle était donc définitivement constituée ; elle avait conquis l'aplomb manufacturier ; il semblait que rien ne pût désormais en compromettre la prospérité. Elle était pourtant sérieusement menacée ; des recherches depuis longtemps poursuivies en Allemagne venaient d'aboutir à un résultat satisfaisant ; on avait constaté la possibilité d'exploiter un immense gisement souterrain riche en composés salins analogues à ceux des marais salants. Ce gisement, que l'on trouve à Stassfurt, près de Magdebourg, en Prusse, et à Anhalt-Bernbourg, dans le duché de ce nom, est un immense amas stratifié, lentement formé par les dépôts de la mer aux époques géologiques, et enfoui depuis dans les entrailles de la terre par l'accumulation de dépôts postérieurs [10].

La découverte d'une si puissante formation naturelle de sels de potasse ne date guère que de l'année 1860. Elle eut parmi les savants et les industriels un grand retentissement ; les deux localités, jusque-là peu connues, où le gisement avait été signalé furent l'objet de nombreuses visites de la part de tous ceux qu'intéresse ce bon marché de la potasse. Le minéral appelé *carnallite*, dont la mine renferme des quantités considérables, donne par son épuration un produit contenant jusqu'à 80 centièmes de chlorure de potassium. Une mine inépuisable de potasse se révélait. L'exploitation cependant fut, durant les premières années, languissante. En 1861, on ne parvint à extraire que 4,350 tonnes de carnallite ; en 1862, on retira 17,250 tonnes, en 1863 40,000 tonnes ; en 1864, on a dû en retirer 60,000 tonnes, si on s'en rapporte aux résultats publiés pour le premier trimestre. On le voit, la nouvelle exploitation est sortie de la période d'épreuves ; elle est en plein progrès ! Dès 1865, les premiers échantillons de chlorure de potassium ont apparu sur le marché français, au Havre d'abord, où la compagnie des mines d'Anhalt le livre au prix excessivement bas de 25 francs les 100 kilogrammes, à Paris ensuite, où ils sont livrés à 25 ou 30 fr. Il ne faut pas se dissimuler que c'est là pour les salines méridionales une redoutable concurrence. Sans doute, on continue à exploiter dans ces dernières les produits potassiques des eaux-mères, en même temps que le sulfate de soude, mais les avantages sur ce point sont sensiblement amoindris. Les prix de la soude elle-même ne peuvent manquer de se ressentir de l'abondance et du bon marché

Anselme Payen

de la base alcaline rivale, la potasse. Le succès obtenu en Allemagne a éveillé l'attention des Français : au mois de mars 1863, les salines de l'est ont envoyé en Prusse un ingénieur des mines pour étudier les conditions géologiques du bassin de Stassfurt et les conditions économiques de cette nouvelle exploitation, afin d'appliquer, s'il y avait chance de succès, les résultats de cette étude aux gisements salifères de la France.

Quoi qu'il en soit, voilà nos approvisionnements en potasse et en soude assurés à jamais. On doit s'en applaudir d'autant plus que les sources qui nous fournissaient la potasse commençaient à s'appauvrir. Le procédé barbare qui a longtemps servi à préparer cet alcali si important, l'incinération des forêts, ne pouvait suffire longtemps ; les forêts s'épuisaient rapidement en Allemagne, en Russie, en Amérique, en Toscane. Aujourd'hui nous retirons la potasse soit d'une mine qui semble inépuisable, soit des flots de la mer, qu'on peut certes exploiter indéfiniment. Il est impossible qu'elle nous fasse désormais défaut. Il est impossible aussi que la production de la soude artificielle ne continue à exercer sur les industries chimiques la grande et féconde influence dont nous avons cherché à montrer les principaux résultats.

Notes

1.   Il est presque impossible de faire l'histoire de la soude sans parler de la potasse ; c'est ce qui nous arrivera souvent dans le cours de cette étude. Ces deux corps sont tout à fait similaires et peuvent être substitués l'un à l'autre dans une foule d'usages industriels. Il y a cependant des applications spéciales à chacun d'eux. Tandis que certains sels de potasse sont en effet déliquescents, comme le carbonate, c'est-à-dire qu'ils attirent l'humidité et se liquéfient à l'air, plusieurs sels de soude, le sulfate entre autres, sont efflorescents et se réduisent spontanément en poudre au lieu de se liquéfier. Le nitrate ou azotate de potasse toutefois résiste mieux à l'humidité que le nitrate de soude. On emploie donc la potasse, à l'exclusion de la soude, pour la préparation du salpêtre destiné à fabriquer la poudre, qui redoute l'humidité.

2.   On sait que le mot alchimie est également arabe. Il se compose de l'article ai et d'une corruption du nom de Cham,

que les adeptes de la science occulte regardaient comme l'auteur des premières recherches sur le grand-œuvre. Beaucoup de dénominations empruntées par la chimie moderne à l'ancienne alchimie sont de même arabes.

3.   Les propriétés de l'acide nitrique ou azotique furent indiquées par Albert le Grand, qui le nommait eau dissolvante, Albert le Grand fit des cours à Paris en 1225 avec un tel succès que la salle où il professait devint trop étroite pour l'affluence des auditeurs, et qu'il dut continuer ses leçons en plein air, sur une place qui prit le nom de place Magni Alberti, dont nous avons fait place Haubert.

4.   On n'y voyait, au milieu de rares bouquets d'arbres poussant dans le sable, qu'une seule maison d'habitation, un ancien rendez-vous de cbasse du prince de Conti. La même propriété avait appartenu plus tard à Quidor, surintendant de police. L'activité du surintendant Quidor était proverbiale ; on le nommait « Quidor qui ne dort pas. »

5.   De là le nom d'eau régale donné anciennement au mélange liquide des acides nitrique et muriatique qui dissout l'or, appelé à cette époque le « roi des métaux. »

6.   Les usines anglaises ne furent pas moins éprouvées que les nôtres par les réclamations que soulevaient les émanations du gaz chlorhydrique. A la suite de procès engagés par les corporations de Liverpool contre l'usine Muspratt, celle-ci fut obligée de s'éloigner de Liverpool et d'aller s'installer à Newton. L'éloignement des grands centres était du reste un palliatif bien insuffisant ; on ne faisait que reporter sur d'autres localités les graves inconvénients qui résultaient du malsain voisinage des soudières,

7.   Dans les salines du midi, un phénomène dont j'ai pu étudier toutes les circonstances à la saline de Marignane, près de Marseille, marque le moment où arrive le terme de saturation de l'eau salée. La superficie du liquide prend une teinte rouge et exhale une légère odeur de violette. Les ouvriers disent alors : la table va sauner (le bassin va donner du sel). Voici à quoi ce singulier phénomène est dû. Plusieurs petits êtres organisés, animaux et végétaux, notamment de petits crustacés branchiopodes un petit végétal microscopique globuliforme, tous deux roses (car

le crustacé se nourrit du végétal et laisse voir à travers son corps transparent la couleur des globules qu'il a avalés), vivent et flottent dans l'intérieur de l'eau salée. A mesure que l'évaporation se produit, la densité du milieu dans lequel ils se meuvent augmente ; il arrive un moment où elle est assez considérable pour qu'ils ne puissent plus rester dans l'intérieur. Ils remontent alors comme ferait un morceau de liège placé au fond du liquide, ils s'élèvent à la surface de celui-ci, et y forment cette mince couche rose et odorante.

8.   L'eau de la Mer-Morte, qui se concentre sans cesse et ne s'écoule pas, a une composition bien différente : elle doit être, elle est en effet beaucoup plus chargée de sels minéraux. Voici les résultats de l'analyse pour 1,000 grammes :

Eau.			736
Chlorures de {	magnésium.	146	}
	calcium	31	} 264
	sodium.	78	}
	potassium	7	}
			1,000

On voit que cette eau contient au minimum quatre fois plus de substances salines que les mers qui baignent nos côtes.

9.   Voyez, dans la Revue du 1er mai 1863, de l'Equivalence de la Chaleur.

10.   Les couches très régulières de ce gisement se succèdent dans l'ordre suivant en partant du bas : 1° une couche de sel gemme pur d'une grande puissance (les sondages entrepris jusqu'à ce jour ont pénétré jusqu'à 150 mètres de profondeur dans cette couche sans en atteindre la base) ; 2° une zone de sel gemme de 30 mètres d'épaisseur, contenant des proportions variables et qui atteignent 5 pour 1,000 de chlorure de potassium, et à la partie supérieure des sels de chaux et de magnésie ; 3° une couche de kieserite, ou sulfate de magnésie, à un seul équivalent d'eau ; 4° la carnallite, chlorure double de potassium et de magnésium, avec 12 équivalents d'eau ; cette couche, par la richesse en potassium des sels qui la constituent, est la plus importante du gisement ; 5° la tachydrite, chlorure double de calcium et de magnésium. Enfin

La soude artificielle

le gisement contient encore quelques corps moins intéressants au point de vue industriel mélangés aux précédents ou isolés dans la masse en rognons globulaires.

Préparations alimentaires. — Papiers de bois.

Nous voudrions faire connaître ici quelques produits nouveaux dont la science est récemment parvenue à enrichir l'industrie, et qui cette année affrontaient pour la première fois la publicité d'une exposition. Reléguées dans un coin, humbles et d'apparence modeste, les préparations dont nous allons parler n'avaient rien de ce qui attire les regards de la foule, et tout porte à croire qu'elles n'ont guère été remarquées de la plupart des visiteurs affairés et distraits qui se sont, plusieurs mois durant, pressés dans l'enceinte du Champ de Mars. La raison en est assez naturelle et doit causer peu de regrets à ceux qui ont laissé passer ces objets inaperçus. La curiosité qu'il leur appartient d'exciter ne provient pas de quelque qualité extérieure, couleur, éclat ou forme. Le mérite de ces corps utiles réside tout entier dans les principes qui en ont dirigé la fabrication et dans les applications qu'on en peut faire. A ce double titre, l'intérêt qu'ils présentent est très général. Outre qu'ils répondent à des besoins universels, ils vont nous permettre de montrer une fois de plus la théorie aux prises avec la pratique, et de faire voir comment les connaissances purement spéculatives peuvent féconder les procédés industriels. De tous les services que la chimie industrielle peut être appelée à nous rendre, ceux qui concernent l'alimentation sont peut-être les plus précieux, ceux du moins dont volontiers on paraît disposé à lui tenir le plus de compte. Les chimistes semblent l'avoir compris, et l'exposition témoignait des nombreux efforts tentés soit pour nous fournir de nouvelles substances comestibles, soit surtout pour nous donner les moyens de tirer meilleur parti de celles que nous possédons. *Extractum carnis*, extrait de viande, tel est le nom donné par un chimiste allemand dont le nom fait autorité dans diverses branches de la science, M. Justus Liebig, au produit qu'il a réussi à extraire en grand des viandes fraîches de la Plata. On sait que les immenses prairies du bassin de la Plata sont parcourues par d'innombrables troupeaux de bœufs et de moutons. Une végétation vigoureuse, favorisée par un climat chaud et humide et par les émanations salines de la mer, leur offre dans ces *pampas* une nourriture abondante ; les animaux dont nous parlons y prospèrent et s'y multiplient en liberté. Les chasseurs pourtant n'y manquent pas, et il faut en vérité que le milieu soit bien propice à la propagation des espèces pour que ces troupeaux sauvages ne diminuent pas rapidement. C'est par centaines de mille qu'on doit compter le nombre de bêtes abattues chaque mois. Jusqu'à présent, c'était simplement pour le cuir et pour la laine qu'on faisait aux bœufs et aux moutons de la prairie une si rude guerre. La viande, les os, les tendons, d'un transport trop embarrassant et d'une conservation trop difficile eu égard aux moyens dont disposait cette sorte d'industrie rudimentaire, étaient abandonnés sur place. On s'est préoccupé à diverses reprises de mieux utiliser les produits de ces chasses. On songea d'abord à transporter les os en France et en Angleterre. Dans les contrées dont l'industrie est avancée, les os ont en effet acquit une valeur commerciale qui couvre le prix du fret ; ils constituent la matière première de plusieurs grandes fabrications. On les emploie en quantité considérable dans la tabletterie, on en extrait la gélatine ; c'est en les carbonisant dans des appareils spéciaux qu'on obtient le noir animal, substance décolorante énergique dont les sucreries en particulier font une grande consommation ; on en retire le phosphore ; enfin ils fournissent à l'agriculture des engrais aujourd'hui fort estimés. Les peaux elles-mêmes furent soumises à un traitement plus rationnel, qui permettait d'en tirer meilleur parti. Le pays n'offrant pas les ressources nécessaires à l'établissement de tanneries perfectionnées, on tenta d'exporter en Europe des peaux fraîches. Un nouvel agent, l'acide phénique, donna la possibilité de les préserver de toute altération pendant la durée du voyage. L'acide phénique est le meilleur antiseptique connu. Il n'y a pas de ferment animé qui lui résiste, pas de putréfaction qu'il n'arrête. Restait la chair musculaire qu'on continuait à laisser perdre faute de moyens de conservation suffisants. Il ne fallait pas songer ici à l'emploi de l'acide phénique. Excellent quand il s'agit d'assainir des étables, quelques parties des habitations, des salles d'hôpitaux même, cet acide ne peut servir au traitement des substances alimentaires. On a beau l'épurer au point de l'obtenir en cristaux incolores, il conserve toujours une odeur analogue à celle du goudron de houille dont on l'extrait, et qui modifierait trop désagréablement la saveur des viandes qu'on le chargerait de garantir de la décomposition. A défaut de cet antiseptique moderne, on s'est adressé à un autre moins efficace et aussi ancien que la civilisation, le sel de cuisine ; mais on n'est arrivé encore à aucun résultat décisif. Les procédés de salaison doivent faire beaucoup de progrès pour donner une sécurité complète, et il ne paraît pas possible encore de conserver économiquement les viandes qui se perdent à Buenos-Ayres et à la Plata.

C'est dans une direction toute différente que M. Justus Liebig a dirigé ses recherches. Au lieu de se proposer d'exporter intégralement la chair des animaux tués, il a voulu concentrer sous un petit volume les principaux éléments nutritifs et sapides qui la constituent, réaliser un *extrait de viande* qui, parvenu en Europe et étendu de trente fois son poids d'eau, donnerait un liquide présentant les qualités essentielles du bouillon ordinaire. Ce nouveau produit commercial est déjà largement entré dans la consommation en Angleterre et en Allemagne. Il sert en outre dans ces contrées aux approvisionnements de la marine et des places fortes. Le jury international a témoigné de l'intérêt qu'il portait à cette question et du cas qu'il faisait de la solution nouvelle présentée par M. Liebig en décernant une médaille d'or à la compagnie qui exploite son procédé dans l'Uruguay et la Plata. Il faut dire pourtant qu'en France, où l'on a la réputation d'être difficile, l'*extractum carnis* a soulevé quelques objections et n'a eu qu'un succès d'estime. Nous aurons l'occasion, en exposant les méthodes de l'industrie nouvelle, de formuler les critiques qui se sont produites, et d'indiquer par quels moyens il nous paraîtrait possible de satisfaire à de justes exigences.

L'animal étant abattu depuis peu, la chair est hachée menu et délayée dans une égale quantité d'eau, deux cents litres par exemple pour deux cents kilogrammes de viande. On fait bouillir ce mélange et on maintient l'ébullition pendant un quart d'heure, puis on jette le tout sur une toile au-dessous de laquelle, s'écoule un liquide qui n'est autre que le bouillon que l'on veut recueillir. Il est dissous toutefois dans une trop grande quantité d'eau et mélangé de matières grasses dont il faut encore le débarrasser. On a recours à la presse hydraulique pour extraire de la viande bouillie les dernières parcelles du liquide interposé qu'elle peut encore retenir. Ainsi pressée, elle forme une espèce de gâteau que l'on considère comme épuisé de toute matière comestible, un résidu que l'on parviendra sans doute à utiliser un jour ou l'autre. Pour les matières grasses, on les élimine facilement en faisant couler par soutirage le liquide sur lequel elles surnagent. Ce liquide est alors chauffé à feu nu dans une chaudière jusqu'à ce que le volume en soit réduit au sixième du volume primitif ; enfin il est amené à consistance d'extrait par une ébullition à basse température et à l'abri du contact de l'air dans un vase où l'on fait le vide au moyen d'une pompe pneumatique. Il ne reste plus qu'à verser l'extrait encore liquide dans des pots en grès vernissé de contenances diverses, et qui sont sur place hermétiquement fermés et scellés d'un sceau en plomb pour indiquer la provenance et garantir, contre toute tentative de falsifications des intermédiaires. On le voit, les manipulations sont simples, et c'est une industrie appropriée aux contrées primitives où elle s'exerce. Voyons quels sont les résultats. En moyenne, un bœuf pesant 200 kilogr., viande nette, produit 5 kilogr, d'extrait ; un mouton dont la chair pèse 20 ou 24 kilogr. en donne 500 grammes. Il est bien clair d'après cela, et M. Liebig en fait lui-même la remarque, qu'il ne faut pas compter sur les troupeaux de l'Amérique du Sud et de l'Australie exploités d'après cette méthode pour réduire d'une manière notable en Europe le prix de la viande de boucherie. Dix usines qui retireraient de 1 million de bœufs et de 10 millions de moutons 5 millions de kilogr ; de cet extrait de viande ne parviendraient à fournir par an à la population de la Grande-Bretagne qu'un kilogramme d'extrait par six personnes, sans qu'il en restât rien à livrer aux autres nations européennes. Nos éleveurs n'ont donc en aucun cas à s'alarmer outre mesure de la concurrence que pourrait leur faire l'industrie nouvelle, car il faudra que cette industrie atteigne un degré de perfectionnement dont elle est loin encore pour lutter à armes égales avec les produits similaires de nos pays. La première infériorité commerciale de l'*extractum carnis*, la plus grave quand il s'agit d'un aliment, c'est que, pour une même quantité d'éléments nutritifs, il coûte plus cher que le bouillon ordinaire. Les chiffres à cet égard sont nets et faciles à établir. Un litre du produit normal du pot-au-feu contient 18 grammes de substances sèches, et le prix de revient en est de 45 centimes environ ; c'est ce que coûtent 15 grammes d'extrait de Liebig, qui renferment à peine 12 grammes et demi de substances sèches. Si on délaie ces 15 grammes dans un litre d'eau pure, on aura donc un bouillon moins nutritif que celui du pot-au-feu et

Anselme Payen

coûtant le même prix. Si on les délaie dans du bouillon faible, on enrichira celui-ci jusqu'à la proportion normale de 18 pour 100 de substances sèches ; mais le prix définitif du litre de ce bouillon amélioré sera de 68 centimes au lieu de 45 qu'il aurait coûtés, si on l'eût préparé par l'ancien système. Ce serait même aller trop loin que d'affirmer que ce bouillon, qui coûte plus cher que le bouillon classique de nos cuisinières, présente les mêmes qualités. On a remarqué que, pour fabriquer l'extrait, l'on concentrait d'abord la liqueur à feu nu et à l'air libre. Dans cette opération, le produit perd une partie de son arôme, il contracte aussi une légère saveur acre qui devient très sensible, si l'on veut forcer la proportion d'extrait de Liebig au-delà de 15 grammes par litre pour avoir des bouillons plus forts ; il prend enfin une coloration foncée que dans la préparation domestique on a généralement soin d'éviter.

La plupart de ces désavantages peuvent disparaître et disparaîtront sans doute bientôt, lorsque la compagnie qui a pris l'initiative de l'exploitation, sortant de la période d'installation, de tâtonnements et d'incertitudes, entrera dans la période de stabilité et de perfectionnements successifs. Le prix de revient pourra être facilement abaissé dès qu'on saura éviter bien des gaspillages nécessairement provisoires. D'abord les tourteaux de viande dont on a retiré par la pression toutes les matières solubles contiennent encore divers éléments nutritifs, — fibrine, albumine, phosphates de magnésie et de chaux, — dont il faudrait s'attacher à tirer parti. Si l'on ne parvenait pas à les mettre sous une forme acceptable pour l'alimentation, il ne paraît pas du moins qu'il fût difficile d'en faire des engrais d'une richesse exceptionnelle. Il en est de même des os, qui servent aujourd'hui de combustible pour chauffer les chaudières, et pourraient, transformés en engrais, recevoir une destination plus utile et plus rémunératrice. Il serait également facile et surtout économique de substituer, à mesure que cette industrie prendra plus d'assiette, les procédés mécaniques perfectionnés aux bras des hommes pour hacher la chair crue et la séparer des os et des tendons. Il existe en Angleterre des machines qui s'acquittent à merveille d'un travail analogue. La besogne serait meilleure, la trituration plus parfaite, le rendement probablement augmenté, et le prix de revient moins considérable. Quant aux altérations que subit la liqueur quand on la concentre, et qui en changent la couleur et le goût, il suffirait pour les prévenir d'effectuer entièrement l'évaporation dans le vide, comme cela se pratique pour les sirops sucrés extraits des betteraves et des cannes à sucre. Les appareils à triple effet chauffés à la vapeur dont on se sert pour cet usage dans les sucreries et les raffineries donnent le type de ceux que l'on pourrait construire pour amener avec moins de frais le liquide à la consistance convenable. Tant que ces améliorations n'auront pas été introduites, l'extrait de viande, comme produit commercial, laissera sans doute à désirer. Dès aujourd'hui toutefois, outre l'avantage de faire entrer dans la consommation générale des aliments jusqu'à ce jour misérablement perdus, il présente un mérite qui, dans beaucoup d'occasions, prime tous les autres, c'est de concentrer sous un volume et un poids relativement très petits une richesse alimentaire considérable. Quand il sera moins cher, il pourra rendre des services véritablement précieux. Ce que d'autres inventeurs ont déjà réalisé à cet égard en Europe donne la mesure de ce qu'on pourrait faire en Amérique, où la matière première, l'animal de boucherie, ne coûte presque rien. En mettant à profit pour l'agencement des manipulations, la disposition et le chauffage des appareils tout ce que lui offraient de ressources les récents progrès de la mécanique, de la chimie et de la physique industrielle, un ingénieux chercheur, M. Martin de Lignac, est parvenu à confectionner un extrait de viande qui ne revient pas à plus de 5 francs 54 centimes le kilogramme, et qui, étendu de sept fois son poids d'eau, donne un bouillon dont la richesse, la saveur et la coloration sont irréprochables. Or l'*extractum carnis* de Liebig coûte aujourd'hui 30 francs le kilogramme. Il doit être possible d'en abaisser le prix au quart de cette somme. Nous ne parlerons que pour mémoire de plusieurs autres tentatives qui avaient pour objet de concentrer le bouillon jusqu'à le réduire à l'état de tablettes solides. Le défaut commun de ces préparations, pour lesquelles l'évaporation n'est pas entourée de précautions suffisantes, c'est que l'arôme disparaît sous l'influence de la chaleur, et qu'une des qualités les plus recherchées et les plus agréables du bouillon ordinaire s'évanouit du même coup.

C'est encore le nom de M. Martin de Lignac que nous trouvons attaché au procédé le plus consciencieusement étudié dans les moindres détails et le plus satisfaisant comme résultat qui ait été proposé pendant ces douze dernières années pour la conservation du lait. Cette question se rattache du reste à la précédente, le problème à résoudre est toujours de faire tenir sous le plus petit volume possible un aliment nourrissant qu'on se réserve d'étendre d'eau quand vient le moment de s'en servir. Les principales applications sont les mêmes, les conserves de lait trouvent aisément des débouchés dans l'approvisionnement des places de guerre, de la marine, des armées en campagne. L'économie domestique peut aussi dans certains cas profiter de ces recherches, bien qu'elles la concernent moins directement. M. Martin de Lignac a d'abord soin de ne soumettre au traitement qui doit en assurer la conservation que du lait excellent, provenant de vaches saines, nourries dans de bonnes conditions sur de fertiles prairies naturelles du département de la Creuse. Le produit des traites, aussitôt obtenu, est chauffé au bain-marie dans des chaudières à fond plat où le liquide forme une couche de 5 centimètres de hauteur. On ajoute alors 60 grammes de sucre blanc par litre de lait, et, pendant qu'on chauffe, l'on remue sans cesse le contenu de la chaudière pour favoriser l'évaporation. Quand le volume est réduit des quatre cinquièmes, c'est-à-dire quand il n'y a plus dans les chaudières qu'un centimètre d'épaisseur de lait, on verse ce liquide concentré dans des boîtes cylindriques dont on ferme aussitôt l'ouverture d'une manière hermétique en la soudant à l'étain. Ces boîtes, ainsi remplies et soudées, sont rangées dans une chaudière disposée, comme les chaudières à vapeur, de façon à pouvoir supporter une pression intérieure. On introduit dans cette chaudière de la vapeur à 103 ou 104 degrés. Un manomètre dont on lit les indications à l'extérieur donne à chaque instant la tension et par conséquent la température de cette vapeur. Après que les boîtes cylindriques qui contiennent le liquide concentré ont été ainsi soumises à l'action de la chaleur, la conserve de lait est préparée. On peut après un temps quelconque ouvrir la boîte, on la trouvera remplie d'une substance pâteuse d'un blanc jaunâtre et demi translucide. Délayée dans cinq fois son poids d'eau, cette substance reproduit un liquide présentant l'aspect et offrant tous les caractères extérieurs et organoleptiques du lait ordinaire. On est surpris tout d'abord de voir cette matière, translucide tant qu'elle est pâteuse, devenir opaque dès qu'on la délaie dans l'eau. Cela

Préparations alimentaires. — Papiers de bois.

tient simplement à un phénomène de réfraction de la lumière. Les globules butyreux étant doués d'une réfraction différente de celle de l'eau, les rayons lumineux, qui peuvent traverser régulièrement dans des directions constantes soit ces globules seuls, soit de l'eau pure, ne peuvent plus traverser que suivant une ligne brisée très irrégulière où l'œil ne les suit plus le mélange de globules et d'eau. Chaque globule et chaque goutte d'eau successive changent en effet dans des sens différents la direction des rayons qui les traversent. Quand une boîte est entamée, l'extrait de lait peut facilement se conserver pendant dix jours et même au-delà, surtout si l'on a soin d'en prendre chaque jour une certaine quantité, ce qui renouvelle la surface en contact avec l'air atmosphérique et enlève du même coup les séminules de ferments que celui-ci aurait pu y déposer.

Il est facile d'expliquer comment chacune des opérations que nous venons de décrire contribue au succès définitif. Quand on chauffe la liqueur de façon à la réduire au cinquième du volume primitif, on ne fait autre chose que se débarrasser de la plus grande partie de l'eau que contient le lait normal. Celui-ci contenait 13 pour 100 seulement de matières sucrées, grasses, azotées et salines, et 87 pour 100 d'eau [1] ; après la concentration, la proportion d'eau est descendue de 87 pour 100 à 35 pour 100. Or la présence de l'eau a une influence prédominante sur le développement des fermentations de divers ordres ; plus on restreint la quantité d'eau, plus on augmente les chances de conservation. Le sucre, qu'avant toute manipulation l'on ajoute au lait en proportion notable (60 grammes par litre), est aussi, comme on sait, un antiseptique actif. C'est même sur les propriétés de préservation qu'il possède que sont fondés l'art du confiseur et toutes les préparations domestiques de conserves de fruits. Pour donner une idée de l'efficacité avec laquelle le sucre s'oppose à l'action des ferments, nous rappellerons que, dans une barrique de mélasse venue des colonies, on trouva le cadavre d'un petit négrillon parfaitement conservé. Saturés de sucre, les tissus organiques n'avaient éprouvé durant le voyage aucune décomposition. La dernière précaution n'est pas la moins importante. C'est celle qui consiste à maintenir pendant quelque temps l'extrait de lait à une assez haute température pour détruire la vitalité des ferments qu'il contient. On sait que l'atmosphère que nous respirons est chargée de séminules de ferments qui se

Anselme Payen

déposent sur tous les corps abandonnés au contact de l'air et s'y développent en les décomposant, quand elles rencontrent des conditions favorables. Ces ferments deviennent complètement inactifs, sont tués, pourrait-on dire, par une chaleur d'environ 100 degrés. Comme on a pris soin, avant de soumettre les séminules à ce traitement, de fermer hermétiquement les boîtes qui contiennent l'extrait de lait soustrait de la sorte à tout contact de l'air ambiant, on est sûr que de nouveaux éléments de fermentation plus vivaces ne viendront pas remplacer ceux qu'on s'est appliqué à détruire.

Cette préparation laisse encore à désirer. Le lait de conserve a un petit goût de lait cuit qu'il serait bon de faire disparaître. Pour cela, il suffirait de remplacer dans la concentration du liquide le chauffage à feu nu par un chauffage à vapeur avec évaporation dans le vide activée au moyen d'agitateurs mécaniques. On pourrait alors vaporiser l'excès d'eau sans dépasser la température de 45 ou 50 degrés. Quant au prix, ce procédé est jusqu'à présent celui qui permet de livrer les conserves de lait au meilleur marché. On ne peut pas dire pourtant qu'il rende cette fabrication abordable pour la consommation ordinaire. Une boîte d'un demi-litre se vend 2 fr. 50 c, et peut donner 3 litres de lait, ce qui met le prix du litre à 83 cent. Cette méthode n'en est pas moins supérieure à toutes celles qui ont été expérimentées. Ce qu'elle a de particulièrement commode, c'est qu'elle réduit le lait au plus petit volume possible. Toutes les autres ont le tort de lui laisser la plus grande partie de l'eau qu'il contient, de façon qu'on doit, quand on utilise ces conserves, emmagasiner et transporter cinq fois plus de matière inerte que de matière utile. C'est une cause de dépense et une cause d'embarras, et par là se trouve enlevé le principal avantage des conserves. Les autres moyens de préservation conduisent d'ailleurs à des prix plus élevés. Avec le procédé Appert, le meilleur parmi ceux qui ne réduisent pas le volume, le litre de lait ne revient pas à moins de 1 fr. 20 cent.

II

On conçoit que l'économie domestique ait peu à se préoccuper de préparations aussi dispendieuses, et qui répondent à d'autres besoins que les siens. Il n'en est pas de même du traitement des substances alimentaires dont nous allons nous occuper. C'est surtout l'économie domestique que M. Martin de Lignac avait en vue quand il s'est proposé d'améliorer les anciens procédés de conservation des jambons par la salaison et l'enfumage. Sans rien changer au principe des vieilles méthodes, qui est excellent, il s'est attaché à en rendre l'application plus régulière et plus complète. Il a voulu que la pratique suivît de plus près les indications de la théorie, rien de plus, et cela suffit pour donner de l'intérêt à l'ensemble de manipulations qu'il a imaginées. Sa méthode du reste offre un autre genre de mérite moins abstrait. Les produits qu'il prépare industriellement présentent une réelle supériorité sur tous les produits de même espèce. Rien de plus simple que la théorie de la salaison des viandes. Le chlorure de sodium ou sel de cuisine a une grande affinité pour l'eau. Il attire pour s'en emparer celle qui est contenue dans les fibres de chair musculaire avec lesquelles on le met en contact, C'est par l'absorption de l'eau en même temps que par l'action antiseptique dont il est doué qu'il empêche les fermentations. Cette absorption dans la salaison commune est malheureusement fort peu régulière ; tandis que les parties extérieures de la pièce de viande, saturées de sel, se contractent, se racornissent, deviennent dures, inconvénient sérieux pour des viandes destinées à l'alimentation, le centre est soustrait à L'action antiseptique du chlorure de sodium. On est parvenu dans ces derniers temps à diminuer les effets défavorables de l'emploi du sel en y ajoutant une certaine quantité de sucre, ce qui rend la dessiccation à la surface moins énergique. On a aussi trouvé quelques avantages à l'addition d'une faible dose de salpêtre, lequel conserve à la viande salée l'aspect rosé de la viande fraîche. Ce ne sont là que des palliatifs. Ils n'atteignent pas le vice originel de cette préparation, et ne font pas que les parties superficielles ne soient imbibées avec excès des matières préservatrices, et que les parties internes n'en soient à peu près complètement privées. Après cette salaison irrégulière, les viandes sont soumises à l'action de la fumée. Les produits goudronneux de la combustion incomplète du bois, la créosote notamment, pénètrent dans les pores et entre les fibres, et vont y paralyser ou y détruire les germes des végétations cryptogamiques et des ferments. Plus l'action de la fumée se prolonge, plus celle-ci pénètre profondément et d'une manière

Anselme Payen

efficace, plus aussi la saveur de la viande ainsi préparée risque d'être altérée par l'odeur prédominante des matières pyrogénées qui s'y condensent.

Le perfectionnement dû à M. Martin de Lignac a été d'introduire la précision dans les dosages et la régularité dans l'effet des agents préservateurs sur toute la masse des pièces volumineuses soumises à la salaison et à l'enfumage. Voici comment il a disposé la suite des opérations. Dès que les gros membres des porcs abattus arrivent à l'usine, chacun d'eux est pesé, et le poids est inscrit à la craie sur un tableau noir. Le sel s'emploie à l'état de solution limpide ; cette dissolution dosée une fois pour toutes, un calcul fait d'avance donné immédiatement pour chaque poids de viande le poids du liquide salin qu'il y faut consacrer. Cette saumure est contenue dans un bassin placé à l'étage supérieur, et qui communique avec l'atelier par un tuyau flexible en caoutchouc vulcanisé terminé par un tube métallique effilé fermé d'un robinet. Chaque jambon cru est placé, sur le plateau d'une balance. Dans l'autre plateau l'on met des poids destinés à équilibrer non-seulement celui du jambon lui-même, mais encore celui de la-saumure qu'il s'agit d'y ajouter. L'ouvrier introduit ensuite près du manche du jambon la pointe creuse du tube effilé, puis il ouvre le robinet La saumure du réservoir supérieur, chassée dans le tissu cellulaire par la pression que le liquide de ce réservoir exerce sur l'orifice d'écoulement, pression qui est celle d'une colonne d'eau d'environ cinq mètres de hauteur, s'insinue entre les muscles et gonfle sensiblement toute la masse charnue en même temps qu'elle en augmente le poids. Au moment précis où le jambon a reçu la quantité normale de saumure qu'il faut lui donner d'après le poids qu'il présente, la balance trébuche, et l'ouvrier ferme le robinet. Comme les jambons pesés sont disposés à la file sur la table, l'opération marche d'une manière continue avec une grande rapidité. La salaison se trouve ainsi effectuée très régulièrement à l'intérieur, et, pour assurer l'effet de la dissolution salée sur les parties superficielles, on tient pendant quelques jours les jambons immergés dans une cuve contenant une saumure préparée de la même façon. De là on les transporte au *fumoir*, où ils sont soumis à un enfumage perfectionné. C'est une vaste pièce dans laquelle vient s'ouvrir la cheminée de deux foyers situés à l'étage inférieur. La fumée développée par la combustion

Préparations alimentaires. — Papiers de bois.

incomplète du bois dans ces foyers se répand dans cette pièce en même temps que l'air échauffé. On dessèche donc partiellement et on fume les jambons du même coup. Des thermomètres disposés à divers points de la chambre et visibles de l'extérieur permettent de régler la température selon le degré de siccité que l'on veut obtenir. Le seul bois employé est du bois de chêne très sec. On a ainsi des composés pyroligneux toujours identiques. Le poids du bois à brûler a été également déterminé avec précision, et la quantité de fumée s'en déduit, car la quantité d'air introduite dans le foyer est toujours proportionnelle au poids du bois, la section des ouvertures d'entrée de l'air étant réglée pour cela, et par conséquent la combustion ménagée du chêne sec s'opère invariablement dans les mêmes conditions.

Ce que l'auteur s'est surtout proposé dans ces dispositions diverses, c'est, comme on a pu le remarquer, d'obtenir des résultats constants et de ne rien abandonner au hasard. Le succès a justifié ses espérances. Les produits alimentaires préparés dans l'usine qu'il a fondée ont été dès l'abord appréciés des consommateurs. Beaucoup d'agriculteurs et de commerçants qui auparavant soumettaient eux-mêmes à une salaison plus ou moins imparfaite le produit de l'abatage de leurs porcs ont même pris l'habitude de s'adresser à la nouvelle usine. S'ils ont ainsi à subir des frais de transport plus considérables, en revanche ils sont sûrs d'avoir des jambons doués de propriétés régulières, et dont la conservation ne peut inspirer aucune inquiétude. Cet exemple est bon à citer, parce que les occasions sont nombreuses où, comme ici, quelques modifications judicieuses à de routinières pratiques suffiraient pour introduire la rigueur scientifique et tous les avantages qu'elle amène avec elle dans des préparations défectueuses, bien que consacrées par l'expérience. C'est ainsi qu'en a jugé le jury international, puisqu'il a décerné une médaille d'or à M. Martin de Lignac pour ses bouillons concentrés et ses jambons, et à notre tour il nous a paru opportun d'indiquer, dans une fabrication qui peut en quelque sorte être prise pour modèle, comment, pour améliorer, il suffit souvent de se rendre bien compte des véritables conditions des phénomènes qu'on veut diriger.

C'est pour s'être pénétrés de cette vérité si simple que les premiers fabricants des ferments organisés et de la levure pressée d'Autriche sont parvenus à créer une industrie qui occupe aujourd'hui plusieurs grandes usines, et dont les progrès ne sont peut-être pas étrangers à la réputation que les boulangeries de Vienne ont acquise. Il s'agissait ici à la vérité de phénomènes complexes, obscurs, dont la théorie a été longtemps incertaine ; nous voulons parler des fermentations. Pour bien faire saisir l'importance de la question résolue par les fabricants de levure pressée, nous devons indiquer en quelques mots quelles sont les idées qui ont successivement eu cours, et quelles sont celles aujourd'hui admises sur la nature vivante, la composition immédiate et le mode de reproduction des ferments.

Vers la fin du siècle dernier, un ingénieux physicien, Cagniard-Latour, examinant sous le microscope de la levure de bière prise chez un brasseur, reconnut qu'elle était formée d'une infinité de globules transparents ayant chacun à peine un centième de millimètre décamètre. Il constata de plus que ces corpuscules peuvent se multiplier au sein du liquide qui les contient, et il en tira la conclusion qu'ils étaient doués de vie et de facultés de reproduction. Il n'y avait rien là que de parfaitement exact, bien que ces observations parussent contredites par celles de Gay-Lussac et de Thénard. Dans leurs recherches expérimentales très précises sur la fermentation alcoolique, ces deux savants avaient remarqué que le ferment employé par eux pour déterminer la transformation du sucre en alcool et en gaz acide carbonique diminuait de poids à mesure que s'accomplissait ce dédoublement de la manière sucrée. C'est en cherchant dans une direction différente que je parvins à donner l'expiration de ces faits au premier abord inconciliables. Je déterminai en premier lieu la composition de la levure, et démontrai qu'elle contenait, ainsi que tous les végétaux microscopiques et les organismes rudimentaires des plantes, de notables quantités de matières azotées, grasses et salines, semblables à celles que l'on rencontre dans les organismes des animaux [2]. Les ferments sont donc des êtres vivants microscopiques. Or les êtres vivants, quelle que soit leur dimension, ne peuvent vivre et se multiplier qu'autant qu'ils trouvent à leur portée des éléments susceptibles de reconstituer la substance qui les forme. Comment par exemple un organisme azoté se nourrirait-il, comment engendrerait-il d'autres organismes azotés dans un milieu absolument dépourvu d'azote ? C'est ce qui arrivait dans l'expérience de Gay-Lussac et de Thénard pour les ferments employés à décomposer une dissolution de sucre. Le liquide dans lequel on les plongeait ne leur offrait ni la substance animale ou azotée, ni les matières minérales, en particulier les phosphates et les sels alcalins, indispensables à la nutrition de ces plantules. Loin d'augmenter de poids et de se multiplier, ces ferments devaient donc inévitablement diminuer. Ils périssaient d'inanition, comme périrait bientôt tout animal ou végétal qui n'aurait à sa disposition que du sucre pour s'entretenir et se réparer.

Les choses se passent tout différemment lorsque le ferment vit et végète dans le moût des brasseries. Outre le sucre produit par l'action même de la diastase avec le concours du ferment sur l'amidon, ce liquide renferme tous les principes alimentaires accumulés dans la graine ou le fruit des céréales employées à la fabrication de la bière. Aussi, en même temps qu'il détermine la production d'alcool, le ferment vit, se développe et se multiplie dans ce milieu favorable, et la cuvée du brasseur, ensemencée avec de la levure, pourra donner une récolte de levure nouvelle pesant six fois plus que celle qu'on y avait originairement jetée. Depuis l'époque où ces notions positives ont été acquises à la science, un grand nombre de faits analogues ont été découverts et approfondis. M. Pasteur a notamment déterminé différentes espèces de ferments microscopiques soit végétaux, soit animaux, et il en a montré les aptitudes spéciales pour transformer certains principes immédiats sécrétés dans les tissus des plantes et des animaux. Il a étudié la vie de ces êtres dont les séminules ne peuvent parfois être aperçues même à l'aide d'un microscope grossissant le diamètre cinq cents et jusques à mille fois. Il a démontré que leur existence est liée à une foule de phénomènes jusque-là mystérieux. Ainsi des changements favorables ou nuisibles à la qualité des vins s'accomplissent sous l'influence d'agents de cette nature, tantôt avec le concours de l'oxygène de l'air pénétrant au travers du bois des tonneaux, tantôt à l'abri de l'air dans des bouteilles imperméables et hermétiquement closes. De ces observations, il a pu déduire un moyen de conservation qu'Appert avait indiqué sans en pouvoir donner la théorie, et dont M. Pasteur, analysant les raisons scientifiques sur lesquelles il est fondé, a pu rendre l'emploi plus régulier et plus

Anselme Payen

efficace. Dans les vins contenant de 8 à 15 centièmes d'alcool, tous ces germes sont tués lorsqu'on porte le liquide à une température de 50 ou 60 degrés du thermomètre centigrade. Après ce traitement, les vins sont préservés de toute altération postérieure, pourvu, qu'on les maintienne rigoureusement à l'abri du contact immédiat de l'air atmosphérique, qui ne manquerait pas d'y déposer des germes nouveaux. L'arôme et le bouquet acquis sous l'influence des végétations microscopiques ne paraissent pas sensiblement modifiés par une élévation de température maintenue dans ces limites. M. Pasteur a aussi observé les circonstances de la nutrition des ferments, de la levure surtout, et il a reconnu qu'aux substances organiques et minérales contenues dans le moût d'orge germée des brasseries on pouvait, comme aliment pour la levure, substituer du sucre, des phosphates et des sels ammoniacaux. Les choses se passent donc pour cette végétation microscopique comme pour les plantes herbacées ou les grands végétaux ligneux. L'agriculture a de même reconnu la possibilité et souvent l'avantage de remplacer une partie du fumier de ferme par des engrais minéraux d'une composition équivalente quant à la proportion d'acides et de bases calcaire, magnésienne et ammoniacale. Enfin M. Pasteur a étudié en détail les corps qui se forment aux dépens du sucre dans la fermentation alcoolique. M. Dubrunfaut avait déjà trouvé que le sucre ordinaire de cannes commence par être transformé en un autre corps, identique quant à la composition élémentaire, sauf un équivalent d'eau de plus, différent quant aux propriétés, et qui n'est autre que le sucre de raisin ou plus exactement un mélange de glucose cristallisable et de sucre liquide ou incristallisable. Les travaux de M. Pasteur ont montré qu'outre cette modification il se produit pendant qu'un liquide sucré fermente trois corps nouveaux dont l'analyse n'était point avant lui parvenue à constater la présence dans les moûts. Ces trois corps sont l'acide succinique, la cellulose et une substance d'une saveur douceâtre et légèrement sucrée, la glycérine.

On voit quel rôle important et complexe joue la levure dans toutes les opérations de la fermentation alcoolique, par conséquent dans toutes les industries où intervient cette fermentation. C'est elle qui préside aux réactions dont le résultat final est la production de la bière. Dans les boulangeries, c'est elle qui sous le nom de levain

détermine ce dégagement de gaz acide carbonique dont l'effet est de faire lever la pâte et de l'amener à un état de division et à un volume convenables au moment de la cuisson. On pourrait citer encore plusieurs industries où l'on ne fait pas un emploi moins utile des propriétés singulières de ces corpuscules organisés. C'était donc un problème plein d'intérêt que de les obtenir en grand dans des usines spéciales. Nous avons déjà indiqué que la levure se développait comme une végétation dans les cuves des brasseries. S'emparant de cette idée, on s'est mis en Autriche et en Moravie à cultiver ce végétal d'une espèce particulière sans y introduire l'amertume ni l'odeur forte du houblon ; de cette façon on est parvenu à en développer les qualités et à produire des ferments doués d'une énergie remarquable qui, sous un moindre volume, rendent avec plus d'activité que les ferments ordinaires les services qu'on demandait jusqu'alors à ceux-ci. La levure viennoise, désignée aussi sous le nom de levure pressée, se présentait dans les vitrines de l'exposition autrichienne sous la forme d'une substance grisâtre, compacte, se laissant déprimer sous les doigts et exhalant une odeur aigrelette à peine sensible. Cette substance, que la chaleur altère assez promptement, n'aurait pu, avant l'établissement des chemins de fer, arriver ici sans avoir subi des altérations profondes analogues à celles qu'éprouvent les matières animales en putréfaction. Voici comment on la fabrique, en obtenant en outre comme produits accessoires de l'alcool et un résidu, la drêche, très propre à l'engraissement des bœufs et des moutons.

Trois espèces de grains, le maïs, le seigle et l'orge germée ou malt, après avoir été réduits en poudre et mélangés, sont mis en macération dans l'eau à une température de 65 ou 70 degrés centigrades. Dans ces conditions, le principe actif développé par la germination préalable de l'orge, la diastase, réagit sur l'amidon et le transforme en deux autres principes immédiats solubles, la dextrine et la glucose, analogue au sucre de raisin. Au bout de quelques heures, cette saccharification est terminée. On soutire et on épure la dissolution sucrée, et on la soumet à la fermentation alcoolique en y introduisant une faible quantité de levure provenant d'une opération précédente. Sous l'action de la levure, la glucose est dédoublée en acide carbonique, en alcool et produits accessoires. En

Anselme Payen

même temps la dextrine, dont la saccharification n'est plus arrêtée par la présence d'un excès de glucose, se transforme graduellement en glucose ; sous cette nouvelle forme, elle subit à son tour l'action mystérieuse de la levure, et contribue à enrichir la liqueur d'une nouvelle quantité d'alcool, tandis que l'acide carbonique, rendu libre, se dégage à l'état de gaz. Ici une question se présente naturellement à l'esprit : comment la levure agit-elle ? pourquoi décompose-t-elle la glucose ? Malheureusement, parmi les diverses réponses qui ont été faites à cette question, il n'y en a aucune qu'on puisse considérer comme entièrement satisfaisante. Ce qu'il y a de certain, c'est qu'à mesure que se manifestent les réactions qu'ils déterminent, les globules de levure se reproduisent par une sorte de bourgeonnement, engendrant d'abord des globules plus petite qui grossissent rapidement, et atteignent la dimension maximum que ces corpuscules sont susceptibles de présenter, c'est-à-dire un diamètre de 10 ou 12 millièmes de millimètre. On a eu soin, dans la méthode que nous venons d'exposer, de fournir à ces végétaux, par la composition du moût dans lequel ils se développent, une alimentation plus riche que celle que leur offrirait le moût des brasseries. C'est le principe essentiel de cette nouvelle préparation. Aussi voit-on l'activité vitale des ferments être beaucoup plus grande. L'acide carbonique se dégage avec tant d'abondance, que les globules de levure, entraînés avec le gaz, viennent flotter sur le liquide, où ils forment une sorte d'écume épaisse. Il est clair que ce sont les globules les plus agissants qui sont ainsi enlevés et soutenus à la surface par les bulles de gaz dont ils hâtent la formation. Ce sont aussi ceux-là qu'on recueille. On les enlève avec une écumoire à mesure qu'ils apparaissent à la superficie, laissant au fond du vase où la fermentation s'opère la levure moins énergique. On récolte ainsi un ferment de choix et très pur. Avant de le livrer au commerce, il ne reste plus qu'à le faire égoutter, à le laver légèrement sur une toile, et, pour le rendre moins altérable par l'action de la chaleur et de l'air, à le soumettre à la presse hydraulique, qui élimine la plus grande partie du liquide interposé. En cet état, il peut être encore conservé huit ou quinze jours suivant la saison. Examinée sous le microscope, cette levure se compose de granules ovoïdes, diaphanes et de grosseur régulière. La plupart offrent suivant le grand axe une dimension comprise entre 9 et 12 millièmes de millimètre. Il n'y en a qu'un petit nombre, ceux qu'on pourrait appeler les plus jeunes, dont le diamètre soit seulement de 2 ou 3 millièmes de millimètre. La masse contient 75 pour 100 d'eau et 25 de substances sèches qui, soumises à l'analyse, se résolvent en 7,7 d'azote, 3,43 de matières grasses et 8,1 de substances minérales [3]. C'est évidemment à l'abondance de principes nutritifs qui lui sont fournis au moment où il se forme et aux autres circonstances favorables qu'on a su lui ménager que le ferment viennois doit cette composition particulièrement riche et la vitalité vigoureuse dont il est doué. Par exemple ce moût contient de la farine de maïs, qui renferme trois fois plus de substances grasses que la farine d'orge ou de froment, et c'est là une des causes de la forte proportion de matière grasse qu'on trouve dans la levure pressée, bien que la glucose, d'après les observations de M. Pasteur, intervienne dans la formation des matières grasses de la levure. Il en est de même des composés azotés et minéraux ; on pourrait indiquer aux dépens de quel corps, introduit à dessein dans le liquide générateur, ils ont été absorbés par le ferment. Quoi qu'il en soit, les qualités spéciales de la levure de Vienne la rendent très précieuse pour l'industrie. Douée d'une énergie plus grande que la levure de bière ordinaire, elle permet d'obtenir avec une dose moitié moindre une fermentation plus active et plus régulière. Cette régularité dans la réaction est une des causes auxquelles la bière allemande est redevable de ses mérites. Dans un autre genre de fabrication, tout le monde a pu remarquer combien le pain viennois était mieux « allégé » que la plupart des pains français et anglais. Cela tient à ce qu'on se sert dans les boulangeries autrichiennes de levure pressée pour faire lever la pâte. Le dégagement de gaz étant plus uniforme, la pâte est plus homogène et par conséquent plus légère et mieux apprêtée. D'ailleurs, en vertu du mode de préparation, la levure de Vienne ne peut contenir ni les principes amers ni l'huile essentielle à odeur forte que contient le houblon. Ces principes dominent au contraire dans la levure de bière, et se transmettent d'autant plus au pain qu'il faut employer des doses plus fortes de ce ferment. La qualité et la saveur de l'aliment gagnent donc à l'emploi de la levure allemande. Aussi beaucoup de boulangers de Paris commencent-ils à y recourir, et sont-ils aisément parvenus à confectionner des produits aussi délicats et plus variés que les produits viennois.

Anselme Payen

Malheureusement le prix de cette énergique levure est trop élevé pour qu'on l'applique à la fabrication d'autres pains que les pains de luxe. A plus forte raison n'a-t-on pas songé à en faire usage pour prévenir dans la fabrication des gros pains les altérations du gluten et par suite mieux ménager l'arôme naturel de nos farines. Si, comme il est permis de l'espérer, la préparation du nouveau ferment alcoolique se répandait en France, où la mouture et la panification ont atteint aujourd'hui une remarquable perfection, le prix ne tarderait pas à s'abaisser au point que la levure allemande pourrait entrer dans l'usage ordinaire. Il faut hâter de ses vœux ce progrès qui améliorerait encore le premier de nos aliments, et ne pourrait avoir que d'heureux effets sur la santé publique.

III

Nous venons de montrer divers progrès accomplis dans la préparation et la conservation des substances d'origine animale ou végétale destinées à l'alimentation. Ces substance » organiques, doivent principalement les qualités nutritives qui les font rechercher soit à la délicatesse des fibres qui les constituent, comme dans la chair musculaire tendre et savoureuse, soit à la faible consistance des tissus cellulaires, comme on peut le remarquer dans les meilleurs produits comestibles des végétaux. Il existe une autre classe de productions organiques dont la valeur industrielle ou commerciale dépend surtout de la forte cohésion et de la résistance des filaments ou des fibres. Telles étaient parmi les produits exotiques remarqués à juste titre dans l'exposition universelle les laines fines et tenaces provenant des troupeaux améliorés de l'Australie et de la Plata, les soies si brillantes venues du Japon, où les maladies de la précieuse chenille sétifère n'ont pas occasionné jusqu'ici des dommages comparables à ceux qui ont éprouvé nos sériciculteurs. Nous n'avons pas à revenir sur les industries de tissage et sur ce que l'exposition de 1867 a récemment appris à cet égard. La question a été traitée ici même avec détails et avec autorité [4] ; mais, en restant à un point de vue purement chimique, peut-être ne sera-t-on pas fâché de savoir de quelle manière on décèle dans les étoffes la présence de la laine et de la soie, comment on peut constater le mélange de ces fibres animales avec d'autres matières de provenance végétale, telles que le lin, le

Préparations alimentaires. — Papiers de bois.

chanvre, le coton. Il existe entre la laine et la soie une différence caractéristique. La première, renfermant du soufre, se colore en noir quand on la met en contact avec un liquide légèrement chauffé tenant en dissolution du plombite de soude. Il se forme alors un sulfure de plomb brun et opaque. La soie au contraire reste sensiblement incolore dans les mêmes conditions. Enfin, quand un tissu contient du coton ou toute autre substance végétale mélangée à de la laine ou à de la soie, il suffit, pour s'assurer de la fraude, de le plonger dans une solution de soude caustique bouillante. La soie et la laine s'y dissolvent à l'instant ; les fibres végétales ne sont pas attaquées. Le microscope fournit aussi un moyen de reconnaître s'il existe des libres de coton dans les étoffes de fil et même dans les pâtes à papier. Les fibres provenant du chanvre ou du lin se montrent toujours à l'état de tubes cylindroïdes ou irrégulièrement prismatiques dont les parois épaisses maintiennent les formes, tandis que les tubes à très minces parois qui constituent le coton se trouvent aplatis, contournés, et offrent l'apparence de rubans.

C'est encore au microscope qu'il faut avoir recours pour distinguer si le papier contient des membranes extraites du bois ou ces fibres ligneuses qui forment depuis peu de temps une des matières premières des papeteries. Les moyens nouveaux employés pour cette préparation méritent de nous arrêter quelques instants. Parmi les nombreux échantillons, de papier exposés au Champ de Mars, la plupart renfermaient des pâtes préparées avec des substances qui, jusqu'à ces derniers temps, n'avaient pas été utilisées pour cet usage, dont plusieurs même y étaient généralement regardées comme tout à fait inapplicables. La proportion en poids de ces matières nouvellement introduites varie entre 25 et 85 pour 100. Cette révolution était prévue, elle était nécessaire. La chimie avait montré que toutes les substances auxquelles la papeterie a maintenant recours contenaient le principe immédiat des végétaux, la cellulose, élément essentiel du papier. De plus cette cellulose s'y trouvait sous forme de fibres ou de membranes allongées que le feutrage qu'on fait subir à la pâte unit et entre-croise, et qui doivent assurer la solidité de la feuille de papier. La théorie semblait donc recommander de ne pas négliger les ressources qu'offraient beaucoup de végétaux ; d'un autre côté, les anciennes sources d'approvisionnements de chiffons semblaient se tarir, et les besoins de la consommation croissaient au contraire très rapidement à mesure que l'instruction et le bien-être augmentaient dans les divers pays. De cette double cause ont dérivé les progrès dont nous sommes aujourd'hui témoins.

L'idée de fabriquer du papier avec des fibres végétales est relativement assez récente. Dans les premiers temps où la pensée des hommes put se transmettre à l'aide de caractères, on écrivit sur des tablettes minérales et des feuilles d'écaille ou d'ivoire. On apprit ensuite à préparer les peaux minces des animaux et à en faire une espèce de parchemin analogue à celui qui est encore, mais exceptionnellement, employé de nos jours. On utilisa plus tard un produit végétal fourni par le papyrus. Cette invention avait été faite dans le Nouveau-Monde aussi bien que dans l'ancien, car lorsque les Espagnols débarquèrent au Mexique, ils trouvèrent les indigènes, en possession d'une membrane végétale dont ils se servaient comme de papyrus. C'était l'épiderme facile à enlever des feuilles épaisses de l'agave d'Amérique, plante très répandue dans ces contrées. Tout porte à croire que l'invention du papier formé de fibres végétales est due aux Chinois. On retrouve dans les plus anciennes papeteries de France les procédés chinois de broyage au pilon. Transmis aux Persans vers l'an 650, adoptés par les Arabes un demi-siècle plus tard, ces procédés furent apportés par ces derniers en Espagne et pénétrèrent de là dans le reste de l'Europe. A l'origine, on n'avait guère utilisé dans l'extrême Orient, pour la fabrication du papier, que les fibres végétales ou les feuillets détachés du liber de certaines plantes arborescentes, entre autres du bambou, et les poils implantés sur les graines des cotonniers. La Chine produit encore aujourd'hui des papiers de ce genre. Beaucoup, formés du liber de végétaux ligneux, sont d'une finesse extrême et d'une ténacité remarquable. Ornés généralement de dessins et de peintures, ils remplacent dans beaucoup de provinces du Céleste-Empire les carreaux de verre qui garnissent chez nous les châssis des fenêtres. Sous le nom de papier de riz, les Chinois se servent aussi, pour dessiner au pinceau, d'un produit dont le principe de fabrication est tout différent. Ce sont des feuillets très minces découpés avec beaucoup d'habileté dans la moelle de l'*aralia papyrifera* ; le tissu cellulaire naturel n'a subi aucune autre préparation. Cette industrie doit être également fort ancienne. En

Espagne, les Arabes n'avaient à leur disposition aucun des végétaux d'où les papeteries tiraient en Chine la matière première. Ils essayèrent avec succès de substituer aux fibres textiles fournies par le cotonnier ou le bambou celles que donne le lin, qui prospère très bien en Espagne. Le royaume de Valence est la première contrée d'Europe où, peu après la conquête arabe, on ait fait du papier, et il semble avoir conservé longtemps une certaine supériorité dans cette industrie. Vers le milieu du XIIe siècle, Xativa, aujourd'hui San-Felipe, non loin de Valence, était renommée pour ses fabriques de papiers, et un auteur arabe, Édrisi, écrivait qu'elle en produisait de si beau « qu'on n'eût pas trouvé le pareil dans tout l'univers. » C'est au siècle suivant que des papeteries, copiées sur celles des Arabes, se fondèrent en France, à Troyes d'abord, puis à Essonne. Une lettre du sire de Joinville à Louis IX, datée de 1270, est écrite sur du papier provenant de cette industrie naissante. Au XIVe siècle, des usines semblables s'élevèrent à Nuremberg et dans plusieurs villes d'Italie, à Fabriano en Piémont, à Colle en Toscane, à Padoue. Ce n'est qu'au XVe que l'Angleterre, qui jusque-là faisait venir son papier de France, se mit à en fabriquer à son tour : Elle réussit peu d'abord. Les beaux papiers continuèrent, pendant près de deux siècles, à lui être expédiés de France et de Hollande ; mais en 1690 Whatman, après avoir visité les principales papeteries du continent, fonda l'usine de Maidstone, qui conquit tout de suite et qui a gardé depuis une grande célébrité.

Les procédés de fabrication cependant étaient restés à peu près stationnaires pendant cette longue période. Robert leur fit faire un pas décisif en 1790, lorsqu'il réalisa dans l'usine d'Essonne la première idée de la production mécanique du papier en bandes continues. Cette invention fut plus appréciée d'abord en Angleterre qu'en France. Didot Saint-Léger, Gamble, Fourdrinier et le mécanicien Donkin ont attaché leurs noms à la réalisation manufacturière de l'idée de Robert en établissant de l'autre côté de la Manche des machines à papier montées avec une admirable précision. La fabrication mécanique, désormais devenue industrielle, reparut en France en 1811. Les ateliers du constructeur Calla furent les premiers d'où sortirent des machines à papier dont Didot Saint-Léger-avait donné les plans. Nous ne pouvons entrer ici dans le détail des perfectionnements successifs

Anselme Payen

que MM. Canson, Crompton, Frédet, Planche et un grand nombre d'autres ingénieurs et fabricants ont successivement apportés à la disposition des appareils. Le but de tous les efforts était de remplacer dans les manipulations le travail à la main par le travail plus économique et plus régulier des machines. Pour donner une idée des difficultés inattendues que présentait la solution de ce problème, nous choisirons une des opérations les plus simples, le collage à la gélatine, qui semblait se prêter aisément à un traitement mécanique, et qui n'en a pas moins tenu en haleine, avant d'être tout récemment obtenu à la machine d'une manière irréprochable, plusieurs générations d'inventeurs. Le collage à la main avait toujours réussi à merveille. L'ouvrier plongeait pendant quelques secondes les feuilles de papier dans une solution tiède de gélatine et les faisait ensuite sécher sur un étendoir. On obtenait du papier blanc, opaque, lisse et bien collé. Essayait-on de faire passer la feuille de papier d'un mouvement continu dans une solution gélatineuse identique et de l'enrouler ensuite pour la sécher sur un cylindre chauffé intérieurement, ce qui était la marche indiquée par les procédés du travail continu, immédiatement la gélatine était mal répartie dans la masse et le papier buvait par places, ou bien, si, pour éviter ce résultat, on forçait la proportion de colle, il devenait lourd et à demi translucide. Il est facile d'exposer en quoi la méthode mécanique remplaçait mal la méthode à la main et négligeait une des conditions les plus importantes du succès. Quand l'ouvrier étend à l'air la feuille de papier qu'il retire du bain gélatineux, l'évaporation de l'eau commence aussitôt à la surface. A mesure que celle-ci se dessèche, elle attire l'eau intérieure, chargée de gélatine, qui vient s'évaporer à son tour, déposant à la superficie de la feuille la substance agglutinante qu'elle tient en dissolution. La gélatine est donc amenée presque tout entière à l'extérieur de la feuille, et c'est là seulement qu'elle forme un dépôt imperméable. Il est facile de s'assurer de l'exactitude de ce fait : que l'on enlève avec un grattoir cette mince couche de colle, aussitôt on verra le papier boire, et il sera impossible d'y former un seul trait net [5]. Qu'arrive-t-il au contraire quand on soumet la feuille à une dessiccation rapide ? L'eau s'évapore non-seulement à la surface, mais aussi dans toute l'épaisseur de la feuille, la gélatine se dépose à l'intérieur et alourdit le papier sans le préserver régulièrement.

Préparations alimentaires. — Papiers de bois.

C'est justement l'effet que produisait l'enroulement sur le cylindre trop chauffé. Une fois cette théorie bien établie, il devenait facile de reproduire avec des rouleaux à mouvement continu les circonstances essentielles que présentait l'étendage. Il fallait opérer la dessiccation d'une manière graduée et à une basse température. On y est parvenu en diminuant la chaleur et en augmentant le nombre des cylindres sécheurs. Au lieu de huit ou dix dont on se contentait naguère, on en installa d'abord soixante. En Angleterre, où le collage à la gélatine est plus répandu que chez nous, ce chiffre tend à s'élever d'année en année ; on l'a porté à cent vingt, puis à deux cents, et quelques papeteries ne s'en tiennent même point là. Le séchage est ainsi plus lent sans que l'ensemble de l'opération soit ralenti en aucune manière, et dans ces conditions le collage à la mécanique ne laisse rien à désirer. C'est surtout pour les pâtes préparées avec du coton que la question est importante, parce que sans l'application uniforme de la gélatine la tenue et la solidité du papier de coton seraient insuffisantes. Voilà pourquoi l'Angleterre, qui manque de chiffons de chanvre et de lin, s'est appliquée avec tant d'ardeur à la résoudre.

A mesure que les papeteries installaient de toutes parts les instruments et les méthodes de fabrication en grand, il devenait plus difficile de se procurer la matière première, les chiffons de fil ou de coton. L'industrie du papier avait pris une place assez importante dans la production générale pour que la crise qui la menaçait éveillât la sollicitude des gouvernements. Les droits prohibitifs destinés à empêcher dans chaque pays l'exportation du chiffon à l'étranger faillirent un moment devenir un *casus belli* et amener un choc entre des nations puissantes, ce qui n'aurait en rien porté remède à la disette de matières premières dont on se plaignait. Les pays où l'instruction publique et le commerce sont le plus en honneur étaient ceux où les besoins étaient le plus grands et où la consommation de papier est le plus considérable. Aux États-Unis, qui tiennent à cet égard le premier rang, le nombre et la prospérité des papeteries ont suivi une progression rapide. En 1769, on y comptait seulement 40 usines livrant chaque année 685,000 kilogrammes de papier ; il y en a aujourd'hui 500 employant 225 millions de kilogrammes de chiffons à produire 150 millions de kilogrammes de papier. En Angleterre, 125 millions

Anselme Payen

de kilogrammes de chiffons sont annuellement transformés en 82 millions de kilogrammes de matière manufacturée. En France, 200 usines vendent par an 66 millions de kilogrammes de papier représentant une valeur de 40 millions de francs. La production de l'Allemagne est, proportionnellement à la population, plus forte encore. L'Espagne, berceau de cette industrie, donne des résultats notablement plus faibles que tous ceux qui précèdent. Pour renouveler la source des approvisionnements, on eut recours aux tiges de plusieurs graminées et même au bois de certaines essences forestières. Dans ces divers corps, la cellulose à l'état fibreux, qui constitue la matière organique de la pâte à papier [6], se trouve associée à des matières incrustantes sécrétées dans l'intérieur des fibres ligneuses sous l'influence de la végétation et modifiant la couleur et la dureté des tissus. Il s'agissait, avant de pouvoir substituer ces fibres végétales aux chiffons, de les soumettre à un traitement assez énergique pour les amener en quelques jours à un état de pureté analogue à celui que présentent les toiles de coton, de chanvre et de lin après une préparation spéciale et plusieurs séries de blanchiments successifs. On y est parvenu ; mais la matière soumise à ces épurations vigoureuses ne peut entrer dans la composition des pâtes que lorsque le poids en a été réduit au tiers ou au quart. Le reste représente la proportion des substances organiques ou minérales qu'il a fallu éliminer. Les débris de tissus ayant déjà subi dans l'usage domestique de nombreuses lessives donnent au contraire, en pâte à papier pesée sèche, 60 ou 80 pour 100 du poids de chiffons employés. Ces déchets dans le traitement des bois ne présentent rien d'étonnant, si l'on songe que l'on soumet souvent à ces manipulations des arbres séculaires. Or on sait que la dureté du bois augmente avec l'âge, et que cela est dû à l'abondance de corps étrangers et de matières incrustantes qui se déposent chaque année par couches concentriques dans les fibres ligneuses.

Quatre procédés distincts sont pratiqués en grand pour extraire des bois ou des pailles la cellulose membraniforme et la livrer à l'état de pâte à papier. Les deux premiers sont basés sur le même principe. On désagrège par un acide les matières incrustantes, et l'on dissout la cellulose spongieuse afin de mettre à nu la cellulose du tissu primitif. Celle-ci, plus fortement agrégée et plus résistante, ne se laisse pas attaquer par les dissolvants, et, après qu'ils l'ont débarrassée de toutes les substances d'adjonction, elle reparaît en membranes souples, blanches, faciles à feutrer et susceptibles d'entrer dans la composition des papiers les plus beaux. Voici d'abord comment MM. Neyret, Orioli et Frédet conduisent cette opération à l'usine de Pontcharra. Ils débitent à la scie mécanique, en rondelles de 5 millimètres d'épaisseur, des tiges d'arbres ayant de 36 à 60 centimètres de tour. Ces rondelles sont placées dans une grande cuve munie d'un fond en granit avec joints en caoutchouc vulcanisé. Les acides par conséquent n'ont pas d'action sur ce récipient. On y verse un mélange d'acide chlorhydrique et azotique étendu d'eau Z, et, tenant les rondelles immergées, on fait barboter de la vapeur dans la cuve pendant douze heures, de manière à maintenir la température à 100 degrés. Ainsi préparé, le bois est lavé à l'eau pure et broyé sous des meules de granit qui le réduisent en une pulpe brune. On lave de nouveau cette pulpe pour la débarrasser des acides interposés. Dans cette première opération, la cellulose la moins résistante a été en partie brûlée, c'est-à-dire transformée en eau et en acide carbonique, en partie transformée en dextrine et en glucose, deux corps solubles qu'emportent les lavages. Restent, avec la cellulose primitive, les substances incrustantes que l'acide n'a pas attaquées et qui se trouvent mises à nu par la disparition de la cellulose spongieuse. On les soumet à l'action de la soude caustique, qui les dissout entièrement à une température de 140 à 150 degrés sans altérer la cellulose compacte. Cette sorte de lessivage s'effectue dans un vase cylindrique tournant en forte tôle, muni d'une double enveloppe où circule un courant de vapeur à 152 degrés. La contenance totale de ce cylindre est de 9,000 litres, et on y traite à chaque opération 1,500 kilogrammes de pulpe de bois par 3,000 litres d'une dissolution de soude. Le cylindre fait un tour et demi ou deux tours par minute, et le contact du liquide et de la pulpe est maintenu pendant six heures. Au bout de ce temps, on envoie l'excédent de vapeur contenu dans la double enveloppe chauffer un autre cylindre semblable, et on décante le liquide, qui a pris une couleur brune et est chargé de toutes les matières incrustantes tenues en dissolution. Ce qui reste dans le cylindre n'est autre chose que la cellulose qu'on voulait obtenir. On lui fait subir dans le cylindre même des lavages à l'eau chaude. Pour la rendre complètement blanche, on la soumet en outre à l'action

Anselme Payen

de l'hypochlorite de chaux, qui fait subir une combustion humide aux matières colorantes et les détruit en attaquant légèrement la cellulose elle-même. Celle-ci, lavée une dernière fois à l'eau pure et passée au laminoir, se présente enfin sous la forme d'un carton épais que l'on livre au commerce comme matière première pour entrer dans la composition du papier. On a constaté un fait remarquable : la pâte de bois est exempte de composés ferrugineux et renferme moins de matières minérales que les produits similaires obtenus avec la paille de seigle, de blé, les tiges de quelques arbustes comme le sparte, le genêt, ou celles de zostère marine [8] MM. Bachet et Machard ont voulu tirer parti de la cellulose spongieuse que l'on perd dans le procédé de Pontcharra. Pour cela, ils l'ont convertie en matières sucrées susceptibles de fermenter et de donner de l'alcool. Ayant donc fait bouillir les rondelles de bois pendant douze heures avec de l'acide chlorhydrique étendu de dix fois son volume d'eau, ils recueillent le liquide que contient la cuve après cette ébullition. Ce liquide renferme toute la cellulose spongieuse transformée en glucose ou sucre de raisin. Tandis que les rondelles subissent la série de manipulations que nous venons de décrire, et dont le dernier résultat est également d'obtenir la cellulose membraniforme, ce liquide est traité à part ; l'excès d'acide est saturé, une certaine proportion de levure est introduite dans la liqueur, la température maintenue à 20 degrés environ, et une fermentation, signalée par l'apparition de bulles d'acide carbonique, ne tarde pas à se manifester. La glucose est décomposée en acide carbonique et en alcool. Pour obtenir ce dernier, il suffit de distiller quand les bulles de gaz ont cessé de se dégager et que par conséquent presque toute la glucose est transformée. Cet alcool est de qualité égale et même supérieure à celle des alcools de grains, de betterave et de mélasse. A plus forte raison vaut-il mieux que les alcools de marc de raisin, d'asphodèles et des résidus de garance.

Les opérations se simplifient quand il est question de séparer des substances étrangères que la végétation y a mêlées les fibrilles feutrables des tiges des graminées, des pailles ou des spartes par exemple ; seulement la matière première est ici plus chère que quand on opère sur le bois. Les usines où la cellulose membraneuse qui doit entrer dans la confection du papier est extraite de pailles diverses se sont multipliées en France et à l'étranger. Vingt-deux fabriques avaient exposé au Champ de Mars des produits venus d'Amérique, d'Angleterre, d'Espagne, de Belgique, d'Autriche, d'Italie, et chacune d'elles prépare de 1,000 à 5,000 kilogrammes par jour de ces nouvelles pâtes à papier. Les méthodes ne varient guère, et les détails seuls peuvent différer. Voici comment on opère dans une de nos fabriques françaises, celle de MM. Zuber et Rieder, à Napoléonville. Les tiges sont coupées au hache-paille en menus tronçons de 2 ou 3 centimètres, puis, préalablement mouillées et écrasées au laminoir, elles subissent pendant douze heures un lessivage avec une solution contenant environ 15 pour 100 de soude caustique. Elles sont de nouveau passées au laminoir et débarrassées ainsi des dernières portions de lessive alcaline qu'elles pourraient conserver et qu'on recueille avec soin. Elles sont ensuite lavés deux fois à l'eau chaude et à l'eau froide, blanchies au chlorure de chaux, enfin divisées en fibrilles menues dans des moulins à meules cannelées que l'on nomme *pulp-engine*, et qui sont des machines fort ingénieuses dues à un Américain, M. Stuart. Quant à la lessive de soude caustique, il va sans dire qu'on ne la laisse pas perdre. Concentrée dans un four à réverbère et calcinée avec un excès d'air, ce qui a pour effet de brûler ou charbonner toutes les matières organiques qu'elle tient en suspension, elle est ensuite traitée par la chaux hydratée et ainsi *revivifiée* comme soude caustique, de manière que la même soude, sauf les déchets inévitables, peut servir indéfiniment. Cette fabrication est, comme on voit, très simple. Les pâtes à papier obtenues de cette façon ne coûtent guère que la moitié ou les deux tiers du prix des pâtes de chiffons. Il est vrai qu'il faut toujours y mélanger, pour faire de bon papier, une certaine quantité de ces dernières, dont les fibres, plus longues et plus résistantes, donnent au produit définitif plus de force. La cellulose membraniforme que l'on retire du bois peut entrer jusqu'en proportion de 80 pour 100 dans ces mélanges et donner de très beaux produits. Il n'est pas sans intérêt au point de vue théorique de suivre l'ordre des phénomènes qui ont permis à la science de retrouver et d'isoler souvent après une longue suite d'années une chose en apparence aussi délicate et aussi fugitive, en réalité aussi persistante que l'est le tissu organique avec lequel on fait les feuilles de papier. Au point de vue pratique, ces usines nouvelles qui emploient le bois comme matière première du

Anselme Payen

papier ne résolvent pas seulement d'une manière ingénieuse, et qui deviendra par des progrès successifs tout à fait satisfaisante, un problème d'industrie appliquée fort important ; elles doivent avoir une influence heureuse sur l'arboriculture, et ouvrent un nouveau débouché aux exploitations de conifères qui doivent préparer l'assainissement et la mise en valeur de nos landes incultes. C'est ainsi que les branches de l'activité humaine qui paraissent au premier abord les plus indépendantes les unes des autres sont en réalité réunies par mille liens, et que tous les progrès sont solidaires. La papeterie a fait son profit de recherches qui n'avaient à l'origine que l'organographie végétale pour objet, l'agriculture à son tour profitera de découvertes où la papeterie semblait seule intéressée.

Notes

1.   La composition moyenne du lait de vache peut être ainsi représentée :

Lactose (ou sucre de lait)	5
Beurre	4
Caséine et autres substances azotées	3,70
Sels solubles et insolubles	0,30
Eau	87

2.   En comparant la composition immédiate de plusieurs organismes végétaux, on reconnaît combien certaines plantes d'une structure peu compliquée se rapprochent à cet égard de la levure, qui représente elle-même une plantule globuleuse encore plus rudimentaire.

	Morilles	Champignons de couche	Truffes noires	Levures viennoise	Choux-fleurs

Préparations alimentaires. — Papiers de bois.

Matières azotées et traces de soufre	44	53	31,36	50,05	66,0
Substances grasses	5,6	4,4	2	3,437	4,5
Cellulose, dextrine, mannite, etc.	36,8	38,4	50,25	38,413	18,3
Phosphates de chaux, de magnésie, de potasse, de silice, traces de chlorure, de sulfates, d'oxyde de fer	13,6	5,2	7,39	8,100	11,2

3. Voici, d'après nos analyses, les proportions en centièmes de ces substances minérales :

Acide phosphorique	46
Silice	1,8
Potasse	22,3
Soude	15,9
Magnésie	5
Chaux	1,3
Eau (combinée aux phosphates)	4,4
Oxyde de fer et corps non dosés	2,4
Chlore et acide sulfurique	Traces

4.   Voyez la Revue du 15 août 1867.

5.   On doit prendre pour cet essai les papiers qui sont encore maintenant fabriqués et collés à la main. Ce sont notamment les papiers à dessin et le papier timbré.

Anselme Payen

6.   La cellulose forme la trame solide de tous les organismes végétaux. Tantôt elle s'y présente en cellules à parois très minces, comme dans la moelle de l'aralia, ou très épaisses, comme dans le phytelephas (ivoire végétal) ; tantôt elle affecte la forme de tubes. Dans le coton, ces tubes sont minces ; dans le lin, le chanvre, le bananier, ils sont épais. Ordinairement l'épaisseur varie avec l'âge, de la plante. Sous ces apparences diverses, c'est toujours la même substance, présentant, une fois épurée, les mêmes propriétés physiques et chimiques et la même composition élémentaire. Elle contient 44 pour 100 de carbone et 55 pour 100 d'oxygène et d'hydrogène dans les proportions qui constituent l'eau. Parmi les réactions caractéristiques qu'elle présente, on peut citer l'effet de l'iode, qui la teint en bleu indigo, et celui des acides, qui la transforment en dextrine et en glucose ou sucre de raisin.

7.   Pour 1,000 kilogrammes de bois, les proportions sont de 2,500 litres d'eau, 60 kilogrammes d'acide chlorhydrique et 40 kilogrammes d'acide azotique.

8.   La zostère marine commençait à être employée avec succès à la fabrication de la pâte à papier, lorsque l'emploi qu'on s'est mis à eu faire pour garnir économiquement les matelas en a relevé les prix de manière à beaucoup diminuer les avantages qu'elle présentait au point de vue de l'extraction de la cellulose.

ISBN : 978-1543217049

www.ingramcontent.com/pod-product-compliance
Lightning Source LLC
Chambersburg PA
CBHW051812170526
45167CB00005B/1980

* 9 7 8 1 5 4 3 2 1 7 0 4 9 *